Das bietet Ihnen die CD-ROM

CHECKLISTEN

Überprüfen Sie, ob Sie an alles Wichtige gedacht haben: Dresscode, Körpersprache, Vorbereitung auf die häufigsten Fragen.

BEWERBUNGSMUSTER

So bewerben Sie sich richtig: Unsere Musteranschreiben und -lebensläufe unterstützen Sie bei Ihrer schriftlichen Bewerbung.

HÖRBEISPIELE

Mithilfe der Audiodateien (mp3files) sind Sie bei Vorstellungsgesprächen „live" dabei. Ein Experte kommentiert die Szenen.

LINKS UND ADRESSEN

Hier finden Sie Unternehmensprofile im Internet, Online-Stellenmärkte und Jobmaschinen sowie Gehaltsinformationen.

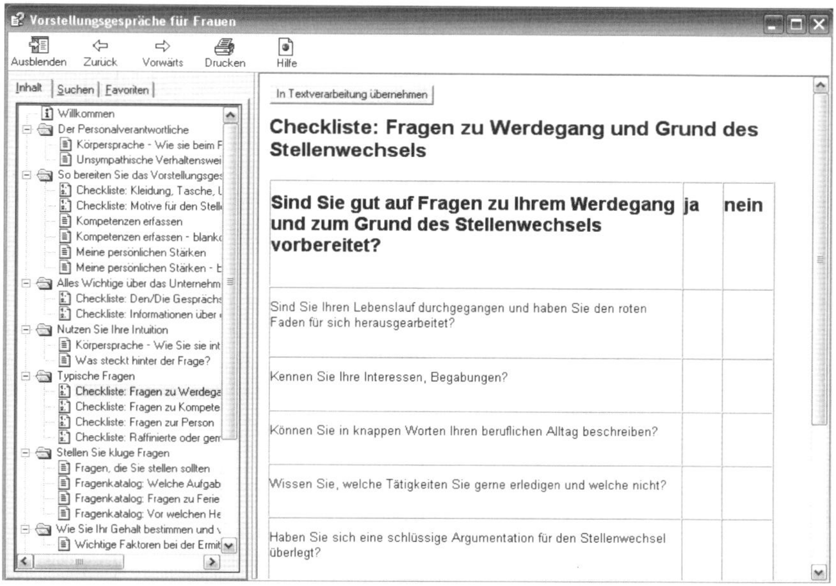

Nutzen Sie unsere Checklisten, damit Sie an alles Wichtige denken · bereitet sind.

Bibliographische Information Der Deutschen Bibliothek

Die Deutsche Bibliothek verzeichnet diese Publikation in der Deutschen Nationalbibliografie; detaillierte bibliografische Daten sind im Internet über http://dnb.ddb.de abrufbar.

ISBN 3-448-08612-6 Bestell-Nr. 01053-0001

Redaktionsanschrift: Postfach 13 63, 82142 Planegg/München
Hausanschrift: Fraunhoferstraße 5, 82152 Planegg/München
Telefon (089) 8 95 17-0, Telefax (089) 8 95 17-2 50
Internet: http://haufe.de, E-Mail: erste-hilfe@haufe.de
Lektorat: Jasmin Jallad

Idee & Konzeption: Dr. Matthias Nöllke, Textbüro Nöllke München
Umschlaggestaltung: HERMANNKIENLE, 70199 Stuttgart
Lektorat und DTP: Irmela Wedler, München
Druck: Schätzl Druck, 86609 Donauwörth

Claudia Nöllke

Das Vorstellungsgespräch für Frauen

Inhalt

Vorwort

Ein Vorstellungsgespräch ist harte Arbeit – vor allem für Frauen. Personalchefs interessiert nicht nur, ob sie die erforderlichen Fachkompetenzen, persönlichen Stärken und Berufserfahrungen mitbringen. Sie möchten am liebsten auch wissen, ob sie Heiratspläne schmieden, Kinder wollen oder – falls Sie schon welche haben – den Spagat zwischen Familie und Beruf schaffen.

Aber nicht nur das Thema „Geschlecht“ macht Vorstellungsgespräche für Frauen zu einer besonderen Herausforderung. Es gilt auch, hinderliche Selbstzweifel zu überwinden. Frauen haben häufig etwas an sich auszusetzen und legen sich damit selbst Steine in den Weg. Warum Zweifel in der Regel unbegründet sind und wie Sie mehr Selbstbewusstsein gewinnen, erfahren Sie auf den ersten Seiten dieses Buchs. Vor Personalverantwortlichen müssen Sie sich übrigens nicht fürchten, wie Sie gleich sehen werden. Sie sind keineswegs die gerissenen, gemeinen Fallensteller, für die sie so oft gehalten werden.

Wichtig ist, dass Sie gut vorbereitet ins Vorstellungsgespräch gehen. Lernen Sie, Ihre beruflichen Kompetenzen und persönlichen Stärken herauszuarbeiten und richtig zu verkaufen. Erfahren Sie, wie man auch mit Brüchen und Lücken im Lebenslauf einen guten Eindruck macht, und warum es so wichtig ist, den Stellenwechsel gut begründen zu können. Für die Vorbereitung ebenfalls von größter Bedeutung: Verschaffen Sie sich die wichtigsten Informationen über das Unternehmen, tragen Sie die richtige Kleidung und achten Sie auf Ihre Körpersprache.

Anschließend geht es darum, welche typischen Fragen Personalprofis stellen und wie Sie am besten darauf antworten können. Besonders interessant wird es dann bei den „Frauenfragen“, mit denen Ihnen die Gesprächspartner in punkto Kinder und Familienmanagement auf den

Zahn fühlen werden. Aber keine Sorge, mit den hier vorgestellten Antwortvorschlägen sind Sie bestens gerüstet!

Sie erfahren außerdem, wie Sie Ihre emotionale und soziale Intelligenz für das Vorstellungsgespräch nutzen können. Auch aus der Körpersprache des Personalers lässt sich so manches ablesen. Lernen Sie zu erkennen, was hinter seinen Fragen steckt, und warum es sich lohnt, ihn auch einmal zu loben.

Welches Gehalt Sie verlangen können und wie man es durchsetzt, wird uns gegen Ende dieses Ratgebers beschäftigen. Nicht zu vergessen die Frage: Wie geht es weiter, wenn das Vorstellungsgespräch vorbei ist?

Und nun drücke ich Ihnen ganz fest die Daumen!

Claudia Nöllke

Haben es Frauen schwerer?

Keine Frage, für Männer wie Frauen ist ein Vorstellungsgespräch alles andere als eine leichte Übung. Es gibt jedoch Herausforderungen, die nur Frauen zu meistern haben. Stellen Sie sich vor, ein Mann würde in einem Vorstellungsgespräch gefragt werden, ob er Kinder will oder wer auf den Nachwuchs aufpasst, während er arbeitet. Solche Dinge wollen Personalverantwortliche gewöhnlich nur von Frauen wissen. In welchen Lebensphasen das weibliche Geschlecht mit besonders kniffligen Fragen des Arbeitgebers rechnen muss, erfahren Sie in diesem Kapitel.

Frauen und Kinder – ein wichtiges Thema für Personaler

Schwierig sind Vorstellungsgespräche für Frauen aber nicht nur, weil sie Frauen sind. Oft haben sie auch lästige Begleiter: die Selbstzweifel. Selbst unter den qualifiziertesten Frauen sind Zweifel am Selbstwert und den eigenen Fähigkeiten weit verbreitet. Das ist schade, denn übertriebene Selbstkritik verhindert ein sicheres Auftreten und verschlingt Energie, die man zum Erreichen seiner beruflichen Ziele gut gebrauchen könnte. Wie wichtig es ist, ein Bewusstsein für die eigenen Stärken zu entwickeln, und was Sie tun können, wenn die Selbstzweifel zu groß werden, wird uns im Folgenden ebenfalls beschäftigen.

Damit sind wir bei dem dritten Problem, das viele Frauen in den Griff bekommen müssen: Sie stellen ihr Licht häufig unter den Scheffel. Dies hat zur Folge, dass sie sich im Vorstellungsgespräch unter Wert verkaufen. Ab Seite 143 werden Sie erfahren, wie Sie das bekommen, was Sie im wahrsten Sinne des Wortes verdient haben.

Viele Frauen unterschätzen ihren Wert

Warum Ihr Geschlecht eine wichtige Rolle spielt

Neulich erzählte mir der Geschäftsführer einer PR-Agentur, dass er gerade eine Bewerberin eingestellt habe, die dreifache Mutter sei. Ich wollte ihn gerade zur Familienfreundlichkeit seiner Firma beglückwünschen, da sagte er: „Wir haben außer ihr einfach niemanden gefunden, der die gesuchten Kompetenzen mitbrachte."

Männer bevorzugt

Diese Geschichte zeigt: Frauen sind nicht gerade die erste Wahl. Wenn ein Arbeitgeber zwischen einem jungen kompetenten, sympathischen Mann und einer jungen kompetenten, sympathischen Frau auswählen kann, wird er mit großer Wahrscheinlichkeit den Mann bevorzugen.

„Risiko" Schwangerschaft

Eine Schwangerschaft: kein freudiges Ereignis für Arbeitgeber

Auch wenn der Arbeitgeber eine Mitarbeiterin, die ihn gerade über ihre Schwangerschaft informiert hat, beglückwünscht – seine Freude hält sich in Grenzen. Vielleicht gibt es während der neun Monate gesundheitliche Probleme und die Arbeitnehmerin fällt Tage oder gar Wochen aus. Geht die Frau dann in den Mutterschutz, entstehen dem Unternehmen – neben dem Zuschuss, den es zum Mutterschaftsgeld zu zahlen hat – Kosten für die Personalsuche. In den meisten Fällen wird die frei gewordene Stelle befristet besetzt. Steigt die Mitarbeiterin nach der Elternzeit wieder ein, wird es auch Sicht der Arbeitgeber nicht besser. Eine Arbeitnehmerin, die kleine Kinder hat, gilt als unflexibel, aufgrund der Doppelbelastung weniger leistungsfähig und nervlich strapaziert. Manche Chefs sind erleichtert, wenn Mama sich aus dem Berufsleben erst einmal ganz verabschiedet.

Wann Personaler misstrauisch werden

Sehr junge Frauen, die gerade ihre Ausbildung beendet haben und ins Berufsleben starten wollen, sind noch nicht so „gefürchtet". Man geht davon aus, dass sie zunächst praktische Erfahrungen sammeln wollen, bevor es in die Familienplanung geht. Für ein Unternehmen sind Berufsstarter außerdem noch nicht so teuer. Stellt sich aber eine noch kinderlose Frau Ende zwanzig vor, die einen Freund oder Ehemann hat, steht dem Personaler das Misstrauen ins Gesicht geschrieben: „Hoffentlich wird sie nicht schwanger, sobald wir sie eingestellt haben." Meine

Erfahrung ist: Erst wenn Frauen ihre Familienplanung abgeschlossen haben, wirken Personaler wieder entspannter.

Im besten Alter fürs Kinderkriegen – dann Vorsicht!

Ihre Familienplanung – für Personaler interessant

Wenn Sie also im gebärfähigen Alter sind, heißt es aufpassen. Personalverantwortliche werden mehr oder weniger geschickt versuchen, den Stand der Dinge in Sachen Familienplanung aus Ihnen herauszukitzeln. Bei jungen Frauen sind Fragen beliebt wie: „Möchten Sie und Ihr Freund denn bald heiraten?" – „Wollen Sie denn auch mal Kinder?" Von Alleinerziehenden will man wissen: „Schaffen Sie das denn alles so ganz alleine?" Mütter werden gefragt: „Wer passt denn auf Ihre Kleinen auf, wenn sie krank sind?" Immer ist da die Befürchtung, Sie hätten Beruf und Familie nicht im Griff.

Die Frage, ob es Frauen bei einem Vorstellungsgespräch schwerer haben, lässt sich mit also mit ja beantworten. Es geht nämlich nicht nur um ihre fachliche und persönliche Eignung, es geht immer auch um ihr Geschlecht. Ab Seite 123 werden Sie erfahren, wie Sie am besten auf diese bei vielen Personalchefs so beliebten Fragen antworten.

Betriebe werden familienfreundlicher

Immer mehr Betriebe denken um

Es gibt immer mehr Unternehmen, die die Einstellung einer Frau nicht als „Risiko" betrachten. Sie haben sich auf die Bedürfnisse berufstätiger Mütter bzw. Familien eingestellt: mit flexiblen Arbeitszeiten, einer guten Kinderbetreuung, der Möglichkeit, gemeinsam mit den Kindern die Mittagspause zu verbringen, ja manche bieten sogar einen Einkaufs- und Wäscheservice an. Es ist kein Wunder, dass sich Mitarbeiterinnen und Mitarbeiter, die so unterstützt werden, mit ihrem Unternehmen identifizieren und hoch motiviert sind. Natürlich kostet Familienfreundlichkeit Geld. Aber sie bietet den Betrieben auch die Möglichkeit, sich am Markt zu profilieren und Mitarbeiter langfristig zu binden.

Wie Sie mit Selbstzweifeln umgehen

Sie haben allen Grund zur Freude

Aus Hunderten von Bewerbungen – so viele sind es heutzutage meistens – hat der Personaler Ihre ausgewählt und entschieden: „Diese Kandidatin muss ich kennenlernen." Darauf können Sie stolz sein. Die erste Hürde im Bewerbungsmarathon haben Sie genommen. Herzlichen Glückwunsch!

„Ja, das ist schon nicht schlecht", sagen mir Klientinnen, die gerade die gute Nachricht erhalten haben, „aber habe ich wirklich eine Chance?" Anstatt sich über die Einladung zu freuen, werden sie von Selbstzweifeln geplagt. Die große Frage, die sie bis zum Vorstellungstermin nicht mehr loslässt, lautet: „Sind andere nicht besser?"

Wenn mir Frauen mitteilen, dass sie einen Termin für ein Vorstellungsgespräch haben, ist die Freude über die Zusage oft schon verflogen. Sogleich bekomme ich Sätze wie die folgenden zu hören: „Die werden doch wohl nicht auf die Idee kommen, das Gespräch auf englisch zu führen? Das schaffe ich nie!" – „Natürlich war ich für die Pressearbeit zuständig. Aber es war ja eine kleine Firma. Die denken bestimmt, dass ich ganz andere Sachen vorzuweisen habe."

Typisch Frau: Selbstzweifel

Sie können sich vorstellen, was geschieht, wenn eine Frau, die zu Selbstzweifeln neigt, zwei Wochen Zeit bis zum Vorstellungstermin hat. Sie wälzt unermüdlich Fragen, die alle darauf abzielen, mögliche Fallstricke oder Schwächen vorauszuahnen, und schließlich erscheint sie völlig verunsichert vor dem Personaler. Bedenken Sie: In Ihrem Anschreiben haben Sie keine Lügen über sich verbreitet (davon gehe ich zumindest aus), sondern Fähigkeiten und Erfahrungen genannt, über die Sie verfügen. Der Personalverantwortliche hat Sie eingeladen, weil ihn diese Fähigkeiten und Erfahrungen beeindruckt haben. Ihre Energie sollten Sie deshalb nicht damit vergeuden, in der Zeit bis zum Vorstellungstermin eine vollständige Liste Ihrer Defizite und Macken zu erstellen und sich dazu passende Fangfragen auszudenken. Natürlich müssen Sie auf die eine oder andere unangenehme Frage gefasst sein, darauf gehen wir ab Seite 87 noch näher ein. Doch es gilt, sich auf die Stärken zu konzentrieren. Die Frage lautet also nicht „Bin ich wirklich kompetent genug?", sondern „Warum bin ich kompetent?" Sie müssen sich überzeugend präsentieren und das können Sie nur mit einem klaren Bewusstsein für Ihre Stärken und einer guten Portion Selbstvertrauen.

Die Stärken stehen im Mittelpunkt

PRAXIS-BEISPIEL

Lernen Sie aus dem Verkauf

Stellen Sie sich vor, Sie müssten eine Espressomaschine verkaufen. Das Gerät ist prima, aber Sie wissen, dass es ein paar Nachteile hat. Sie möchten als Verkäuferin auf keinen Fall versagen, deshalb beschäftigen Sie sich intensiv mit den Nachteilen und überlegen, welche Fragen die Kundin in dieser Hinsicht stellen könnte. Da erscheint eine Kundin, die sich für Ihr Gerät interessiert. Sie fragt, was das Gerät alles kann und was es gegenüber anderen Espressomaschinen auszeichnet. „Was es kann?" fragen Sie verdutzt. Eigentlich müssten Sie jetzt die Vorteile so überzeugend wie möglich präsentieren. Stattdessen kommen Sie erst einmal ins Nachdenken. Kein Wunder, dass Sie Ihre Espressomaschine nicht loswerden.

Auf Fragen nach beruflichen Lücken und Brüchen müssen Sie sich natürlich vorbereiten. Was Sie tun können, damit Schwächen weniger ins Gewicht fallen, erfahren Sie im Kapitel „Was tun, wenn der Lebenslauf nicht ganz glatt verläuft?" ab Seite 57.

Wenn Sie die Einladung zu einem Vorstellungsgespräch erhalten haben, versuchen Sie, positiv zu denken:

Ihre Bewerbung war ein Volltreffer

- Der Arbeitgeber hat Ihnen deutlich signalisiert, dass Sie die Person sein könnten, die er gesucht hat.

- Machen Sie den guten Eindruck nicht zunichte, indem Sie alles, was Sie geschrieben haben, im Vorstellungsgespräch abwerten oder in Zweifel ziehen!
- Lesen Sie sich die kompletten Bewerbungsunterlagen, die Sie dem Unternehmen geschickt haben, noch einmal sorgfältig durch. Versetzen Sie sich dabei in die Rolle des Personalers und machen Sie sich klar, dass er über Ihre Person lediglich das weiß, was Sie geschrieben haben! Ihre Stärken sind die Grundlage, auf der er Sie interviewen wird.

Der Interviewer sieht Sie positiv

Wenn Sie Ihre Selbstzweifel nicht in den Griff bekommen

Jeder Mensch leidet gelegentlich unter Selbstzweifeln. Vor allem wenn uns etwas misslingt, uns eine Peinlichkeit unterlaufen ist, wir uns verletzt fühlen, sagt uns eine innere Stimme: „Ist doch klar, du bist eben unfähig, ein Versager." Vielleicht spulen wir die Situation, die uns zu diesem harten Selbsturteil geführt hat, sogar immer wieder in Gedanken ab und es stellt sich dabei ein vielleicht seit Kindertagen vertrautes Gefühl ein, das uns wieder ganz klein und schwach werden lässt: „Du machst nichts richtig. Du kannst nichts. Du bist eben nichts wert."

Machen Sie sich nicht klein!

Während bei vielen Frauen Selbstzweifel nur gelegentlich auftauchen und sie gut damit umgehen können, leiden andere massiv darunter. So drückte eine meiner Klientinnen mit ihrem ganzen Auftreten Selbstzweifel aus. Sie sprach sehr leise und langsam, als müsse sie jedes einzelne Wort einer Prüfung unterziehen („Hoffentlich sage ich nichts Falsches!"). Sie hatte Schwierigkeiten, mir in die Augen zu sehen. Ihre Selbstzweifel hatten gerade neue Nahrung bekommen, denn ihr Mann hatte sie verlassen. Jetzt war sie gezwungen, ihr Leben selbst in die Hände zu nehmen. Unter anderem musste sie eben auch eine Arbeit finden. Da sie aber nicht an sich glaubte und massiv an Selbstzweifeln litt, war dies für sie eine sehr schwere Aufgabe.

Auch eine junge Klientin litt unter starken Selbstzweifeln. Sie hatte mehrere Praktika gemacht, bekam immer wieder Anerkennung für ihre Arbeit, doch kein Arbeitgeber bot ihr eine feste Stelle an. Irgendwann waren in ihr Zweifel gewachsen: „Will mich niemand? Ich bin wohl nichts wert, sonst hätte ich schon längst eine feste Stelle."

Die Erziehung kann Selbstzweifel begünstigen

Selbstzweifel sind Zweifel am eigenen Wert. Manchmal haben sie äußere Ursachen wie im Fall meiner jungen Klientin, die, nachdem sie eine feste Stelle gefunden hatte, ihr Selbstwertgefühl rasch wieder gefunden hatte. Häufig liegen die Ursachen für ein mangelndes Selbstwertgefühl aber tiefer, nämlich in der Kindheit. Wenn Sie immer gesagt bekamen: „Lass das, das kannst du nicht!" oder wenn Bezugspersonen ängstlich und verunsichert auf Dinge reagiert haben, die Sie als Kind getan oder gesagt haben, kann das Selbstzweifel auslösen: „Ich bin also nicht in Ordnung." Ein Mädchen, das in seinen Fähigkeiten nicht bestärkt und ermutigt wurde, dem niemand etwas zutraute, leidet unter Umständen als erwachsene Frau unter einem schwachen Selbstwertgefühl.

Wann eine Therapie sinnvoll ist

Wenn Sie unter Selbstzweifeln so stark leiden, dass Ihre Lebensqualität beeinträchtigt wird, kann eine Therapie empfehlenswert sein. Werden die Mechanismen und Denkmuster, die zu Selbstzweifeln führen, erst einmal durchschaut, sind die ersten Schritte in Richtung mehr Selbstsicherheit schon getan. Gerade in einem Vorstellungsgespräch müssen Sie Ihre Selbstzweifel im Griff haben, sonst lassen Sie sich leicht verunsichern. Und das wäre schade, denn daran gibt es nun mal keinen Zweifel: Sie haben die gesuchten Fähigkeiten!

Stellen Sie Ihr Licht nicht unter den Scheffel

Viele Frauen sind der Ansicht, dass es sich nicht gehört, die eigenen Leistungen ins Rampenlicht zu rücken. An entscheidender Stelle, so glauben sie, werde man schon erkennen, was in ihnen steckt. In der Zwischenzeit erobern die weniger zurückhaltenden Kollegen die Chefetagen und bekommen die interessanteren Aufgaben.

Lieb und nett sein führt nicht zum Ziel

Auch im Vorstellungsgespräch neigen viele Frauen zu einem viel zu zurückhaltenden Verhalten. Anstatt selbstbewusst auf ihre Leistungen hinzuweisen, bemühen sie sich, so nett und freundlich wie möglich zu wirken.

PRAXIS-BEISPIEL

Stehen Sie zu Ihrem Erfolg

Während des Coachings für ein Vorstellungsgespräch frage ich Marianne P., ob sie mir in einigen Sätzen sagen kann, warum sie in ihrem Beruf erfolgreich ist. Marianne P., deren Lebenslauf und Zeugnisse auf eine engagierte und erfahrene Mitarbeiterin schließen lassen, runzelt die Stirn. „Erfolgreich – das klingt so nach Wichtigtuerei. Könnte man das nicht anders ausdrücken?"

Reden Sie über Ihre Erfolge

Natürlich kann der Personaler Ihren Bewerbungsunterlagen bereits entnehmen, welche Kenntnisse und Erfahrungen Sie besitzen. Aus der Aufzählung von Firmen und Verantwortungsbereichen geht jedoch noch nicht hervor, was Ihren Arbeitsstil auszeichnet und wie erfolgreich Sie waren. Selbst aus Zeugnissen lässt sich nicht immer deutlich erkennen, wie jemand gearbeitet hat. Heutzutage werden sie oft von den Mitarbeitern selbst aufgesetzt; manchmal sind sie auch nicht aussagekräftig. Sie müssen also schon erklären, warum Sie eine so gute Architektin, Sprechstundenhilfe oder Teamassistentin sind und warum Vorgesetzte mit Ihren Leistungen zufrieden waren. Mit anderen Worten: Es geht darum, die eigenen Stärken überzeugend zu verkaufen. Wenn *Sie* es nicht tun, wird es niemand tun.

Der Personalverantwortliche – wer oder was erwartet Sie?

Die meisten meiner Klientinnen stellen sich einen Personalverantwortlichen so vor: Er ist ein raffinierter Typ mit langjähriger Erfahrung in der Personalauswahl, der mit ausgeklügelten Interviewtechniken aus Bewerbern Dinge herauspresst, von denen sie angenommen haben, dass sie sie nicht einmal unter Hypnose sagen würden. Sie spüren jede fachliche Lücke, jede menschliche Schwäche und jeden noch so kleinen Knick im Lebenslauf auf, weil sie mit Vorliebe in den Wunden von Bewerbern herumstochern. Beim Abschied lächeln sie nur so freundlich, weil sie mit großem Vergnügen Absagen erteilen.

Das Bild des Personalers entspricht oft nicht der Realität

Tatsächlich haben Personaler aber gar kein Interesse daran, Sie niederzumachen. Welche Ziele sie wirklich verfolgen und warum provozierende oder raffinierte Fragen eher selten sind, ist Thema dieses Kapitels.

Das Ziel ist ein faires Gespräch

Was wirklich gefragt wird

Mag sein, dass es vereinzelt „Bewerberfresser" gibt. Doch die meisten Personalverantwortlichen wollen in einem fairen Gespräch herausfinden,

- ob Sie über die erforderlichen Fähigkeiten und Kenntnisse für die Stelle verfügen,
- welches Potenzial in Ihnen steckt und was Sie besonders interessiert,
- ob Sie zu der Firma und dem Team passen, in dem Sie künftig arbeiten sollen,
- ob Sie gesund und psychisch belastbar sind
- und Ihr Benehmen, Äußeres und Auftreten so sind, dass Geschäftspartner, Kunden und Kollegen gerne mit Ihnen zu tun haben werden.

Ein Vorstellungsgespräch ist eine Art Blind Date

Ein Vorstellungsgespräch ist also kein Verhör, sondern – wenn wir schon einen Vergleich heranziehen wollen – ein „Blind Date": Zwei Menschen begegnen sich zum ersten Mal und müssen innerhalb kurzer Zeit herausfinden, ob sie zusammenpassen und ernsthaft aneinander interessiert sind. Dass Verhörmethoden dafür denkbar ungeeignet sind, können Sie sich denken. Personaler haben in der Regel Schlüsselfragen im Kopf, die sich bei der Ermittlung von Kompetenzen und Eigenschaften bewährt haben. Wie sich das Gespräch entwickelt, ob es locker ist, angenehm oder verkrampft, bestimmen Sie mit Ihrem Verhalten mit.

Lassen Sie sich nicht provozieren

Provozierende Fragen kommen nicht von ungefähr

Viele Bewerber meinen, dass Vorstellungsgespräche vor allem aus provozierenden Fragen bestünden. Doch solche Fragen werden meist erst dann eingestreut, wenn der Personalverantwortliche nicht sicher ist, ob es sein Gesprächspartner ernst meint oder nur am Geld interessiert ist.

PRAXIS-BEISPIEL

Hochmut kommt vor dem Fall

Ein junger Betriebswirt mit dem Schwerpunkt Marketing war aus Frankfurt angereist, um sich in einer Werbeagentur im Badischen vorzustellen. Er redete viel und war eine Spur zu sehr von sich überzeugt. Zum Schluss des Gesprächs wurde er gefragt: „Sagen Sie mal, gab es in der Großstadt Frankfurt keine einzige Agentur, die Sie haben wollte?" Der junge Mann antwortete: „Sie wissen doch, wie das ist. Wenn man ins Berufsleben einsteigen will, muss man eben erst mal zu den sieben Zwergen hinter den sieben Bergen."

Mit der provozierenden Frage „Gab es in Frankfurt keine einzige Agentur, die Sie haben wollte?“ wollte sich der Agenturchef einen offensichtlichen Widerspruch erklären lassen: Warum will ein junger qualifizierter Mann aus einer Stadt, in der es vor Agenturen nur so wimmelt, in der Provinz arbeiten? Die Antwort offenbarte nicht nur, dass der Kandidat in Frankfurt keine Stelle bekommen hatte, sondern auch, dass er ziemlich arrogant war.

Erkennen Sie Widersprüche in Ihrem Lebenslauf

Provozierende Fragen können Sie voraussehen. Sie müssen dazu die Widersprüche, die sich aus dem Lebenslauf und der Arbeitsstelle, für die Sie sich beworben haben, erkennen. Bewerberinnen mit kleinen Kindern stehen häufig vor dem Problem, einen solchen Widerspruch gut verpacken zu müssen: Sie bewerben sich nicht selten auf Stellen, für die sie deutlich überqualifiziert sind. Da stellt sich beispielsweise eine Chefsekretärin für eine Stelle als Teilzeit-Sachbearbeiterin vor, um Familie und Beruf besser vereinbaren zu können. Personaler haken da natürlich nach: „Sie werden sich schrecklich langweilen, wenn Sie bei uns die Sachbearbeitung machen, stimmt´s?“ Die Bewerberin sollte dann nicht antworten: „Ich muss nun mal einen Job finden, bei dem ich um 13.00 Uhr vor dem Kindergarten stehe.“ Der Personaler will immer hören, dass der Bewerberin diese Stelle und diese Aufgabe wichtig sind. Sie könnte also sagen: „Warum sollte mir langweilig werden? Ich freue mich sehr auf die Aufgaben. Wie Sie wissen, war ich zwei Jahre lang nicht berufstätig, und die Sachbearbeitung wäre genau das Richtige für mich, um wieder ins Berufsleben einzusteigen.“

Gemeine Fragen sind eher selten

Gemeine Fragen werden eher selten gestellt. Manche Personalverantwortliche glauben, damit die Stressresistenz und Belastbarkeit eines Bewerbers prüfen zu können. Um den Inhalt geht es dabei meist nicht.

Die Fragen bestehen meist aus Aufgaben, die kaum zu bewältigen sind. Man möchte sehen, wie Sie reagieren, wenn Sie vor einer besonders kniffligen Herausforderung zu stehen. Dann ist Souveränität gefragt.

PRAXIS-BEISPIEL

Immer Ruhe bewahren

Stellen Sie sich vor, der Personaler fragt Sie: „Was machen Sie, wenn das Telefon klingelt, in wenigen Minuten die Präsentation fertig sein soll und der Paketdienst vor der Tür steht?" Der Personalverantwortliche erwartet jetzt nicht von Ihnen, dass Sie einen ausgefeilten Aktionsplan erstellen, womöglich noch nachfragen, wie oft das Telefon geklingelt hat oder in welchem Stadium sich die Präsentation gerade befindet. Er beobachtet, ob Ihnen bei dieser Frage die Schweißperlen auf die Stirn treten und Sie nach Worten ringen. Selbstverständlich bleiben Sie ganz souverän und antworten etwas, was nach „Ich bewahre Ruhe und werde natürlich alles bewältigen." klingt. Ob Sie erst das Paket annehmen, dann ans Telefon gehen und als Letztes die Präsentation fertig stellen, spielt eine untergeordnete Rolle. Wichtig ist, dass Sie den Eindruck vermitteln, dass Sie in einer solchen Situation gelassen bleiben und alles gewissenhaft abarbeiten.

Glauben Sie, dass man mit solchen Fragen herausfindet, wie erfolgreich der Bewerber in seinem Job sein wird? Mag sein, dass sich erkennen lässt, ob er schlagfertig ist oder Gemeinheiten gelassen erträgt. Aber das werden vermutlich nicht die Kompetenzen sein, auf die es im neuen Job ankommt. Zumindest ist das zu hoffen.

Rechnen Sie mit ungeeigneten Fragen

Sinnlose Fragen werden oft gestellt

Ungeeignete, um nicht zu sagen sinnlose Fragen sind keineswegs selten. In einem Forschungsprojekt, in dem die Kompetenzbeurteilung von Unternehmen untersucht wurde, konnte Thomas Lang-von Wins, Professor für Arbeits- und Organisationspsychologie an der Bundeswehruniversität Neubiberg aufzeigen, dass viele Fragen von Personalern nicht geeignet sind, um den richtigen Kandidaten zu finden. Es kommt nicht selten vor, dass die Fragen mit der zu besetzenden Stelle nichts zu tun haben. Mich selbst hat vor Jahren einmal ein Personaler gefragt, ob ich gerne schwarze Kleidung trage. Ich vermute, dass er gerade ein Buch über Farbpsychologie gelesen hatte. Manche Personalverantwortliche lassen sich von Ratgebern anregen, um neue Fragen für Vorstellungsgespräche zu gewinnen. Dass sich manche keine Gedanken darüber machen, ob diese Fragen sinnvoll sind und brauchbare Informationen zutage fördern, zeigt das folgende Beispiel.

PRAXIS-BEISPIEL

Die ersten 100 Tage

Eine Klientin erzählte mir folgende Geschichte: Ihr Mann stellte sich in einem großen Unternehmen vor. Das Gespräch verlief angenehm, doch plötzlich konfrontierte der Personaler ihn mit folgender Frage: „Wie würden Sie die ersten 100 Tage im neuen Job meistern?" Ihr Mann wusste nicht so recht, was er mit dieser Frage anfangen sollte. „Er war darauf nicht vorbereitet. 100 Tage sind ja ein langer Zeitraum und dann wusste er auch nicht, welche Arbeiten im Einzelnen anstehen", beschreibt die Klientin seine Ratlosigkeit. Ich erzählte ihr, dass es einen Ratgeber mit dem Titel „Die ersten 100 Tage im Job" gibt. Vermutlich hatte sich der Personaler davon einfach anregen lassen.

Stellen Sie sich auf unerfahrene Interviewer ein

Manchmal berichten Klientinnen nach einem Vorstellungsgespräch: „Es war sehr merkwürdig. Alles ging durcheinander. Ich habe die Strategie dieses Personalers überhaupt nicht verstanden.“ Diese Frauen meinen, einem besonders ausgefuchsten Interviewer in die Hände gefallen zu

Nicht immer interviewt Sie ein Profi

sein, der sich nicht in die Karten blicken lassen wollte. Die Sache ist weitaus banaler: Vermutlich handelte es sich um einen unerfahrenen Personaler. In kleinen und mittleren Unternehmen, den so genannten KMUs, übernimmt meist ein Allrounder die Personalauswahl, nicht selten der Unternehmensinhaber selbst. Während der eine diese Aufgabe mit Geschick und Interesse wahrnimmt, sieht der andere darin eine lästige Aufgabe, die ihn von wichtigeren Dingen abhält. Das spüren Sie als Bewerberin auch. Wenn das Vorstellungsgespräch unstrukturiert verläuft, wenn man Sie einfach drauflos erzählen lässt, ohne tiefer gehende Fragen zu stellen, wenn offensichtliche berufliche oder fachliche Lücken kein Thema sind und Sie das Gefühl haben, dass wichtige Punkte für die zu besetzende Aufgabe gar nicht angesprochen wurden, dann haben Sie es wahrscheinlich nicht gerade mit einem Profi zu tun gehabt.

EXPERTEN-TIPP

Steuern Sie das Gespräch

Wenn Sie merken, dass Sie Ihnen ein unerfahrener Personaler gegenübersitzt, lenken Sie das Gespräch dezent auf die wichtigen Themen. Bitten Sie um Informationen über das Unternehmen. Stellen Sie Ihren Werdegang und Ihre besonderen Stärken vor. Fragen Sie, mit wem Sie zusammenarbeiten werden. Nutzen Sie also Ihre Chance, das Unternehmen kennen zu lernen und sich zu präsentieren! Frauen, die in solchen Situationen die Eigeninitiative übernahmen, haben erfahrungsgemäß häufig die Stelle bekommen.

Ohne Sympathie funkt es nicht

Sympathie erzeugt Wohlwollen

Sympathie spielt in Vorstellungsgesprächen eine sehr wichtige Rolle. Ein Personalverantwortlicher wird eher über die eine oder andere Schwäche, den einen oder anderen kleinen Schnitzer einer Bewerberin hinwegsehen, wenn sie im Großen und Ganzen sympathisch wirkt.

Sympathie kommt aus dem Griechischen und bedeutet Mitleiden, freier übersetzt Mitempfinden. Einer Person, die wir sympathisch finden, fühlen wir uns zugeneigt. Wir hören aufmerksam zu, was sie zu erzählen hat. Oft haben wir das Gefühl, dass uns diese Person ähnlich ist.

Vermeiden Sie Antipathie

Vermeiden Sie Signale, die Antipathie wecken

Der Personalverantwortliche und Sie müssen nicht gerade von einer Welle der Sympathie erfasst werden. Es genügt, wenn sie sich gegenseitig respektieren und einander wohl gesonnen sind. Doch selbst das klappt nicht immer. Ohne sich dessen bewusst zu sein, rufen Bewerberinnen Gefühle der Antipathie hervor. Wenn Sie den Eindruck haben, dass ein Personaler Sie unsympathisch findet und Sie selbst Widerstände ihm gegenüber spüren, heißt es aufpassen. Möglicherweise haben Sie Signale gesendet, die bei Ihrem Gegenüber Ablehnung hervorrufen.

So schrecken Sie ab

Unsympathische Verhaltensweisen	Beispiele
Sie kommen den Aufforderungen des Personalers nicht nach	– „Muss ich das noch einmal erklären? Das steht doch in meinen Bewerbungsunterlagen." – „Diese Frage beantworte ich nicht." – „Das würde viel zu lange dauern."
Sie üben Kritik	– „Was soll das denn bringen?" – „Offenbar haben Sie sich meine Zeugnisse nicht genau angesehen." – „Das hätten Sie mir aber vorher sagen müssen."
Sie biedern sich an	– „Wir beide wissen schon, was gemeint ist." – „Das gefällt mir echt gut, was Sie da

So schrecken Sie ab	
	gerade gesagt haben." – „Wenn ich erst in Ihrer Firma bin, lernen wir uns so richtig kennen."
Sie stellen Forderungen	– „Bis Freitag sollten Sie mir Bescheid gegeben haben." – „Für den Kaffee brauche ich aber auch Zucker." – „Es wäre gut, wenn Sie mir die Fahrtkosten schnell erstatten würden." – „Ein eigenes Büro ist mir schon wichtig."

Achten Sie auf Ihre Körpersprache

Aber auch Ihre Körpersprache kann Gefühle der Antipathie wecken. Hier einige typische Beispiele.

Körpersprache – Wie sie beim Personaler ankommt	
Ihr Signal	Seine Bedeutung
Stirnrunzeln	„Die Kandidatin glaubt mir nicht."
Verschränkte Arme	„Sie verteidigt sich."
Keine Wahrung körperlicher Distanz	„Sie kann sich nicht benehmen."
Mustern	„Sie betrachtet mich kritisch."
Kein Mitlachen, obwohl der Personaler einen Scherz macht.	„Sie ist arrogant."

Angst verhindert den Aufbau von Sympathie

Während des Coachings für ein Vorstellungsgespräch haben meine Klientinnen die Möglichkeit, ganz offen mit mir darüber zu sprechen, ob sie sympathisch wirken. Dabei habe ich festgestellt, dass diejenigen Frauen eine besonders sympathische Ausstrahlung haben, die sich ihrer

Fähigkeiten bewusst sind und keine Angst haben. Angst führt offenbar dazu, dass eine Barriere zum Gesprächspartner aufgebaut wird. Deswegen ist es so wichtig, dass Sie etwaige Ängste erkennen und mit ihnen umzugehen lernen.

So bereiten Sie das Vorstellungsgespräch vor

Gehen Sie niemals unvorbereitet in ein Vorstellungsgespräch. Sie wollen sich bestens präsentieren und das klappt nur, wenn Sie sich vorher überlegt haben, wie Sie sich positionieren.

Was haben Sie dem Unternehmen zu bieten?

Arbeiten Sie heraus, warum Sie die ideale Besetzung für diese Stelle sind. Je besser Sie Ihrem Gesprächspartner erklären können, welchen Nutzen Sie ihm zu bieten haben, desto leichter wird er sich überzeugen lassen. Schneiden Sie deshalb Ihre Antworten optimal auf die Erwartungen des Personalverantwortlichen zu. Informieren Sie sich über das Unternehmen. Wie Sie an entsprechendes Material gelangen, sagt Ihnen dieses Kapitel. Besonders interessiert den Interviewer natürlich, warum Sie überhaupt einen Stellenwechsel planen. Die folgenden Hinweise helfen Ihnen, diesen überzeugend zu begründen.

Auch auf das Äußere kommt es an

Aber in der Vorbereitung auf ein Vorstellungsgespräch geht es natürlich nicht nur um die Wahl der richtigen Argumente. Auch Ihr Erscheinungsbild und Ihre Körpersprache sind von großer Bedeutung. So erfahren Sie, was einen gepflegten, geschmackvollen Businesslook auszeichnet und welche Stilsünden Sie auf keinen Fall begehen dürfen. Vor allem Ihr Geschlecht kann hier wieder zum „Problem" werden. Attraktivität ist von Vorteil, Erotik hingegen schadet Ihnen. Wie Sie im Gehen, Stehen und Sitzen stets eine gute Figur machen, wird uns direkt im Anschluss beschäftigen.

Damit Sie pünktlich zum Vorstellungsgespräch kommen, erhalten Sie wichtige Tipps rund um die Anfahrt. Die Vorbereitung der Anreise wird oft unterschätzt. Alles andere ist doch wichtiger, denkt sich so manche Bewerberin. Dabei wissen wir doch inzwischen: Wer zu spät kommt ...

Das Unternehmen hat ein Problem – aber welches?

Es ist vielen Bewerberinnen gar nicht bewusst, dass das Unternehmen, bei dem sie sich beworben haben, ein Problem hat: Ein Mitarbeiter des Unternehmens ist stark überlastet und kommt mit der Arbeit kaum mehr nach; ein neues Geschäftsfeld soll aufgebaut werden, aber intern fehlt es an Kräften mit dem erforderlichen Wissen; die Internetpräsenz des Unternehmens soll stärker zur Kundengewinnung beitragen, aber in den eigenen Reihen gibt es weder den gesuchten Online-Redakteur mit Vertriebserfahrung noch den internetaffinen Vertriebler.

Sie können die Probleme lösen!

Sie sollten als Bewerberin also nicht mit der Einstellung ins Gespräch gehen, dass Sie grundsätzlich in der schwächeren Position sind. Die Einladung zum Vorstellungsgespräch ist so zu verstehen, dass Sie die Frau sind, von der man die Lösung des Problems erwarten kann.

EXPERTEN-TIPP

Wuchern Sie mit Ihren Pfunden

Ärgerlich ist es, wenn Sie als Bewerberin erst nach der Unterzeichnung des Arbeitsvertrages merken, dass die Firma ein ziemlich großes Problem hatte und Sie sehr viel selbstbewusster in die Verhandlungen hätte treten können. Es kommt nämlich gar nicht so selten vor, dass Unternehmen nicht offen zugeben, dass sie intern nicht viel von der anstehenden Aufgabe verstehen und daher dringend einen Experten brauchen. Erst wenn Sie in der Firma arbeiten, stellt sich heraus, dass Sie die einzige sind, die von der Materie etwas versteht. Deshalb versuchen Sie, im Bewerbungsgespräch herauszufinden, ob dies der Fall ist. Dann nutzen Sie Ihre Chancen und verkaufen Sie sich nicht unter Wert!

Nun müssen Sie aber natürlich erst einmal wissen, welches spezielle Problem die Firma hat, bei der Sie sich vorstellen. Vielleicht haben Sie mit dem Personaler bereits darüber gesprochen, welche Herauforderung der neue Mitarbeiter zu meistern hat. Anhaltspunkte haben Sie aber auch aus der Stellenanzeige gewonnen, die Sie sich jetzt am besten noch einmal anschauen. Aus dem Satz „Für den Aufbau unserer Geschäftsaktivitäten in Russland suchen wir eine/n Vertriebsmanager/in" können Sie – wenn Sie zwischen den Zeilen lesen – eine ganze Menge über das Problem des Unternehmens erfahren. Die Geschäftsleitung hat sich das ehrgeizige Ziel gesetzt, im russischen Markt Fuß zu fassen. Es benötigt einen Vertriebsexperten, der diese Arbeit als Herausforderung betrachtet, nach Möglichkeit den russischen Markt kennt und – im besten Fall – auch noch ein Gespür für interkulturelle Unterschiede mitbringt. Sind Sie die Mitarbeiterin, die diese anspruchsvolle Aufgabe lösen kann? Prima, dann gehen Sie mit dieser Einstellung ins Vorstellungsgespräch. Sie brauchen jetzt noch schlagkräftige Argumente, mit denen Sie beweisen, dass Sie über exakt diejenigen Stärken und Berufserfahrungen verfügen, die für diese Aufgabe erforderlich sind.

Warum können Sie das Problem lösen?

Warum sind Sie für das Unternehmen von Nutzen?

Sie wissen, wo dem Unternehmen der Schuh drückt und über welche Qualitäten der Mitarbeiter verfügen soll, der das Problem in den Griff bekommen soll. Sammeln Sie Argumente, die Ihre so genannte „Problemlösungskompetenz" untermauern. Einfacher ausgedrückt: Zeigen Sie dem Unternehmen, welchen Nutzen Sie ihm bieten.

Sammeln Sie Ihre Kompetenzen in der Tabelle „Soll und Haben"

Eine Tabelle schafft Klarheit

Um alle wichtigen Nutzenargumente zu erfassen, empfehle ich Ihnen, mit einer Tabelle zu arbeiten. In der linken Spalte, der „Soll"-Spalte, halten Sie fest, welche Anforderungen an Sie gestellt werden. In der rechten Spalte, der „Haben"-Spalte listen Sie anschließend alle Ihre Fähigkeiten und Kenntnisse, die geeignet sind, diese Anforderungen zu erfüllen. Wichtig ist, dass Sie Ihre Kompetenzen so anschaulich wie möglich beschreiben. Wie dies funktioniert, zeigt das folgende Beispiel. In diesem Fall wurde eine Mitarbeiterin für die Presseabteilung gesucht.

Anforderungen – Ihr Profil	
Soll	Haben
Erfahrungen in Pressearbeit	– Ich verfüge über sehr viel Routine im Verfassen von Pressemitteilungen. – Der Presseverteiler ist immer sehr gepflegt, alle Daten sind „up to date". – Auf Presseanfragen reagiere ich sehr schnell und kümmere mich zuverlässig und zügig um die Vermittlung geeigneter Gesprächspartner aus dem Haus. – Ich betreue den monatlichen Newsletters und sorge durch eine sorgfältige Koordination aller anfallenden Arbeiten für ein termingerechtes Erscheinen. – Messen bereite ich gewissenhaft vor, lade die Pressevertreter ein und fasse bei Nichtreagieren nach.
Kenntnisse in den Bereichen Layout und Bildredaktion	– Ich gestalte Entwürfe für Flyer und Informationsbroschüren. – Ich erteile Fotoaufträge, führe Fotoregie und wähle Bilder sorgfältig aus. – Ich beherrsche die Bildbearbeitung in Photoshop Elements.
Stärken in der internen	– In allen Fragen der Öffentlichkeitsarbeit

Anforderungen – Ihr Profil	
Soll	Haben
Kommunikation	arbeite ich eng und vertrauensvoll mit der Geschäftsleitung zusammen. Meine Arbeit wird sehr geschätzt. – Die Kooperation mit den Fachabteilungen funktioniert sehr gut, die Kollegen unterstützen mich nach Kräften.

PRAXIS-BEISPIEL

Ihre Qualitäten sind wichtige Argumente

Angenommen eine Klinik sucht eine Diätassistentin. In der Stellenanzeige heißt es, dass sie über Erfahrung in der Patientenschulung verfügen soll. Bei Ihrer Gegenüberstellung von Soll und Haben genügt es nicht, wenn Sie in die rechte Spalte ein Häkchen machen, das anzeigt, dass Sie über die geforderte Erfahrung in der Patientenschulung verfügen. Über die Qualität Ihrer Schulungen sagt dies nicht das Geringste aus. Die Frage ist, *wie* Sie schulen. Vermitteln Sie den Stoff so, dass die Schulungsteilnehmer ihn gut verstehen? Zeigen Ihre Schulungen langfristige Erfolge bei den Patienten? Gibt es Patienten, die sich immer wieder von Ihnen beraten lassen, weil sie so zufrieden mit Ihnen sind? Formulieren Sie also handfeste Argumente, mit denen Sie im Vorstellungsgespräch Pluspunkte sammeln!

Interessanterweise fällt es vielen Frauen viel leichter, ihre Schwächen in Worte zu fassen als ihre Stärken. Oft sind sie regelrecht verlegen, wenn man sie darum bittet. Werden sie aber gefragt: „Wofür wurden Sie von Vorgesetzten oder Kollegen häufiger gelobt?", kommen die besonderen Fähigkeiten plötzlich zum Vorschein: „Mein Chef sagte immer, dass ich er nie eine Sekretärin hatte, die so perfekt organisieren konnte."

Fassen Sie Ihre persönlichen Stärken zusammen

Jetzt sind Ihre Soft Skills dran

Befassen Sie sich in einem nächsten Schritt mit Ihren persönlichen Stärken. In Stellenanzeigen sind die entsprechenden Anforderungen meist am Schluss aufgelistet. Dort heißt es zum Beispiel: „Sie sind kommunikativ, stark in der Organisation und verlieren auch unter Stress nicht den Überblick."

Nehmen Sie nun wieder Ihre Tabelle zur Hand. Tragen Sie unter „Soll" die Anforderungen ein und unter „Haben" Ihre dazu passenden Stärken. Beschreiben Sie auch hier alle genannten Punkte so anschaulich wie möglich. Wenn Sie an einer Stelle das Lob eines Vorgesetzten oder Kunden einbauen können, ist das ein besonderer Vorteil. Eine Fremdsprachenkorrespondentin antwortete einmal auf die Frage, welche persönliche Eigenschaft in der Firma besonders geschätzt würde: „Mein Chef hat mir schon sehr oft gesagt, dass ich die Zuverlässigkeit in Person bin."

! EXPERTEN-TIPP

Die gewünschten Eigenschaften erkennen

Falls Sie in der Stellenanzeige auf nichtssagende Floskeln in Bezug auf persönliche Stärken stoßen („Sie sind kommunikationsstark und teamfähig"), fragen Sie sich, welche Eigenschaften für die anstehenden Aufgaben tatsächlich relevant sind. Sammeln Sie anschließend dazu geeignete Argumente.

Die Tabelle mit Ihren persönlichen Stärken könnte so aussehen:

Meine persönlichen Stärken	
Soll	Haben
Zuverlässigkeit	– Meine Vorgesetzten können sich bei der Erledigung der Aufgaben voll und ganz auf mich verlassen.

Meine persönlichen Stärken	
Soll	Haben
	– Ich denke nicht nur bei allen Projekten mit, ich liefere Arbeitsergebnisse auch absolut pünktlich.
Belastbarkeit	– Ich bin es gewohnt, mehrere Dinge gleichzeitig auszuführen. – Die Erstellung von Präsentationen, Recherchearbeiten für Kollegen aus den Fachabteilungen und die Betreuung von Kunden überlappen sich häufig. Dennoch behalte ich den Überblick und bewältige alle Aufgaben mit der nötigen Sorgfalt.
Diplomatisches Geschick	– Es kommt nicht selten vor, dass unsere Designer etwas ganz anderes wollen als unsere Kunden. Es liegt mir, zu vermitteln. – In der Regel gelingt es mir immer, beide Seiten wieder zueinander zu führen.
Verbindliches Auftreten	– Ich begegne Menschen grundsätzlich aufgeschlossen und freundlich. Das ist auch ein Grund, warum mir mein Vorgesetzter recht schnell die Betreuung wichtiger Kunden anvertraut hat.

Wo sind Sie besonders erfolgreich?

Vielen Bewerberinnen ist gar nicht bewusst, wie erfolgreich sie in ihrem Beruf sind. Mit den Jahren ist vieles ganz selbstverständlich geworden. Außerdem will man sich doch nicht selbst auf die Schulter klopfen. Da heißt es dann lediglich: „Ich habe langjährige Erfahrung in der Fremdsprachenkorrespondenz." Wir entnehmen diesem Satz, dass die Bewerberin schon ein paar Jahre in diesem Beruf gearbeitet hat. Ob sie leistungsfähig und erfolgreich war, erfahren wir nicht. Wenn der Personaler jetzt nachhakt und die Bewerberin erst einmal die Vergangenheit Revue passieren lassen muss, um ihre Erfolge nennen zu können, wird ihr der Personaler zu Recht eine unzureichende Vorbereitung unterstellen. Bereiten Sie sich also vor, indem Sie sich Ihre derzeitige Tätigkeit, aber auch frühere Jobs vor Augen führen. Gehen Sie dabei folgende Fragen durch:

Rufen Sie sich Erfolge in Erinnerung

1. Welche Aufgaben waren im Einzelnen mit der Tätigkeit verbunden?
2. Woran lässt sich erkennen, dass ich sie erfolgreich bewältigt habe?
3. Hat sich durch mein Wirken in der Abteilung, im Unternehmen etwas besonders positiv entwickelt?
4. Habe ich Veränderungen mitgestaltet?
5. Haben mir Vorgesetzte spezielle Aufgaben übertragen? Warum?
6. War ich im Ausland tätig? Was habe ich mit welchem Erfolg getan?
7. Habe ich Führungserfahrung, was zeichnet meinen Führungsstil aus?

PRAXIS-BEISPIEL

Überzeugend argumentieren

Iris. P. stellt sich in einem Unternehmen vor, das eine Werkstoffingenieurin für Hochleistungskeramik sucht. Sie soll als Projektmanagerin Produktentwicklungen betreuen. Sie versteht es, ihre Berufserfahrung überzeugend zu beschreiben und dabei immer wieder den Bezug zu den vom Unternehmen gestellten Anforderungen herzustellen:

„Ich arbeite zurzeit als Entwicklungsingenieurin in einem Unternehmen, das Brennstoffzellen entwickelt. Hier bin ich nun seit vier Jahren tätig, so dass Sie mit umfassenden Kenntnissen auf dem Gebiet der Keramik rechnen können. So verfüge ich über alle von Ihnen gestellten Anforderungen im Bereich der Rohstoffaufbereitung, angewandten Prozesstechnik bis hin zur Hochtemperaturtechnik. Vor etwa einem Jahr hat mir mein Vorgesetzter die Projektleitung für unsere Produktentwicklungen anvertraut. Dieses Angebot habe ich sofort angenommen, weil es die Herauforderung war, die ich gesucht hatte. Ich kümmere mich heute um die gesamte Planung, Organisation, Durchführung und Überwachung unserer Produktentwicklungen. Dabei gehe ich kostenbewusst und zielorientiert vor."

Dann geht sie auch noch auf das Thema Soft Skills ein:

„Sie hatten in Ihrer Stellenanzeige geschrieben, dass dem zukünftigen Projektleiter die Zusammenarbeit mit Vorgesetzten unterschiedlicher Zuständigkeitsbereiche keine Schwierigkeiten bereiten sollte. Das würde es sicher nicht. Ich arbeite ja bereits in meiner jetzigen Firma mit verschiedenen Abteilungen zusammen und die Kommunikation mit den jeweiligen Vorgesetzten klappt ausgezeichnet."

Bringen Sie immer Ihre Nutzenargumente an

Sagen Sie deutlich, was Sie können

Gehen Sie aus keinem Vorstellungsgespräch heraus, ohne Ihre Kompetenzen und Erfahrungen an den Mann bzw. die Frau gebracht zu haben. Das klingt selbstverständlich, ist es aber nicht. Viele Bewerberinnen verhalten sich passiv gegenüber dem Personalverantwortlichen, weil sie meinen, er werde ihre Leistungen schon erkennen und sie darauf ansprechen. Sie meinen, die Rolle der Bewerberin bestehe ausschließlich darin, auf die Fragen des Personalers zu reagieren. Aber was tun Sie, wenn er Sie viel zu wenig zu Ihren Kompetenzen befragt? Oder in eine Richtung marschiert, die Ihnen keine Gelegenheit gibt, sich zu präsentieren? Dann müssen Sie dem Gespräch die richtige Wendung geben. Wenn Sie zu lange warten, verspielen Sie die Chance, Ihre Einstellungsargumente loszuwerden.

Begründen Sie Ihren Stellenwechsel

Man will Ihre Motive kennen

„Warum wollen Sie eigentlich wechseln?“ Dies ist eine Frage, die jeden Bewerber trifft. Der Interviewer will Ihre Beweggründe und Ihre Ziele kennen. Er will sich versichern, dass es Ihnen wirklich um die Stelle und um dieses Unternehmen geht.

Die Herausforderungen reizen Sie

Es gibt eine Vielzahl von Gründen für einen Wechsel des Arbeitsplatzes, aber es gibt nur einen, den Personaler wirklich gerne hören: „Weil Ihre Firma mir die Herausforderungen bietet, die ich suche.“ Vielleicht ist dies bei Ihnen der Fall und Sie können mühelos plausibel machen, dass Sie nicht länger auf der Stelle treten wollen und sich just in dieser Position am besten weiterentwickeln können. Auch die Berufsanfängerin dürfte keine Probleme haben, die Frage nach dem Warum zu beantworten. Sie sucht natürlich den Einstieg in gerade diesem Unternehmen, weil sie hier ihre Fähigkeiten am besten unter Beweis stellen kann und sie am meisten dazulernen wird. Das klingt wie Musik in den Ohren der Personaler.

Doch es gibt natürlich auch andere, weniger „hübsche“ Gründe. Viele Bewerber sind nicht auf der Suche nach der neuen Herausforderung oder wollen gar Karriere machen. Oft sind es private Gründe, die den Wunsch nach einer beruflichen Veränderung aufkommen lassen. Wie argumentiert man, wenn man eine Stelle in Wohnortnähe des Lebenspartners sucht oder als Mutter dreier Kinder nach der Scheidung gezwungen ist, wieder erwerbstätig zu sein? Auch zermürbende Konflikte mit Vorgesetzten oder Kollegen können der Grund sein, sich nach etwas Neuem umzusehen. Psychisch oder körperlich anstrengende Arbeit, aber auch gesundheitliche Probleme sind Motive für einen Wechsel. Darf man das unverblümt sagen?

Probleme und Krisen behalten Sie für sich

Personaler wollen nicht das Gefühl bekommen, dass der neue Job zur Lösung eines privaten, gesundheitlichen oder zwischenmenschlichen Problems herhalten muss. Eine geschiedene Frau erzählt dem Personalverantwortlichen also nicht: „Ich muss jetzt sehen, wie ich meine Brötchen verdiene." Die junge Vertriebsassistentin, die unbedingt in der Stadt arbeiten will, in der ihr Freund wohnt, sagt nicht: „Ich habe keine Lust mehr, jedes Wochenende zu pendeln." Die Altenpflegerin, die als Haushälterin in einer Familie arbeiten möchte, gibt nicht zu: „Meine Gelenke machen mir so zu schaffen, ich brauche dringend eine leichtere Arbeit. Da bietet sich bei meinem Profil der Wechsel in einen Privathaushalt eben an."

Die neue Herausforderung reizt Sie

Sprechen Sie nicht oder kaum über private Gründe

Grundsätzlich wechseln Sie die Stelle immer, weil sie die neue Aufgabe, das neue Unternehmen reizt. Vermitteln Sie dem Personaler, dass Sie für die ausgeschriebene Stelle brennen. Die geschiedene Frau freut sich natürlich auf den neuen Lebensabschnitt und die Aufgabe, die so hervorragend zu ihren Berufserfahrungen passt. Die junge Bewerberin, die eine Arbeitsstelle in Wohnortnähe ihres Freundes sucht, erwähnt ihren Liebsten mit keinem Wort. Sie will beruflich weiterkommen und dafür zieht sie gerne um. Die Altenpflegerin erklärt, dass sie in Zukunft unter jungen Menschen sein möchte und sich schon darauf freut, ihre Kochkünste unter Beweis zu stellen. Kurz gesagt: Sie reden immer nur darüber, warum die neue Stelle so interessant für Sie ist und so ausgezeichnet zu Ihnen passt.

Ärger mit dem Chef ist kein Thema

Auch Konflikte mit dem Vorgesetzten oder Kollegen sowie ein schlechtes Betriebsklima sind kein Thema. Klagen Sie nicht darüber, dass mit Ihrem Chef nicht gut Kirschenessen ist. Erzählen Sie nicht, dass sie keine Lust mehr auf die ewigen Diskussionen mit der Kollegin haben. Der

Personaler kennt die Hintergründe nicht. Was bei ihm ankommt, ist, dass Sie aus der alten Firma fliehen wollen und schlecht über andere reden. Womöglich denkt er noch, dass Sie selbst an den Problemen schuld sind. Das sind die besten Voraussetzungen dafür, die Stelle nicht zu bekommen. Personalverantwortliche fürchten Mitarbeiter, die mit Kollegen und Chefs in Streit geraten oder schlechte Stimmung verbreiten. Also auch hier gilt: Sie freuen sich auf neue Aufgaben oder eine neue Branche, in der Sie Ihre Fähigkeiten unter Beweis stellen können.

Stellen Sie Ihre Gründe für den geplanten Stellenwechsel zusammen. Nutzen Sie hierfür die folgende Checkliste.

CHECKLISTE

Motive für den Stellenwechsel	ja	nein
Wissen Sie, warum Ihre aktuelle Stelle keine Herausforderung mehr bietet?	✓	
Können Sie genau sagen, welche Aufgaben Sie aus welchen Gründen reizen?		
Können Sie erklären, weshalb die Aufgaben im neuen Unternehmen so gut zu Ihnen passen?		
Bietet Ihnen die neue Stelle die Chance, Ihr Fachwissen zu erweitern?		
Gewinnen Sie neue Verantwortungsbereiche hinzu?		
Können Sie erstmals Führungsverantwortung übernehmen?		
Bietet das Unternehmen zusätzlich Interessantes (Image, Unternehmenskultur, spezielle Projekte)?		

So kleiden Sie sich am besten

Was zieht man am besten an? Diese Frage stellen sich die meisten Frauen vermutlich nicht nur vor einem Vorstellungsgespräch. Ganz gleich, was für ein Typ Sie sind, ob kräftig oder schlank, blond oder braun, weiblich gerundet oder knabenhaft: Ein klassischer, sachlicher Kleidungsstil ist gefragt. Gerne gesehen sind Hosenanzüge und Kostüme. Vielleicht haben Sie das Gefühl, sich für diesen Anlass verkleiden zu müssen. Dazu muss man sagen: Ein Vorstellungsgespräch ist eine Art Bühnenauftritt, für den Sie nun einmal ein Kostüm brauchen. Falls Sie keines besitzen oder sich nicht anschaffen wollen, gibt es Alternativen: den Blazer mit Rock oder eine Kombination aus Jacke und Hose. Wenn Sie solche Kleidung nicht gewohnt sind, tragen Sie sie ein paar Tage vorher schon einmal.

Mit Hosenanzug oder Kostüm liegen Sie immer richtig

Stoff und Schnitt müssen Ihnen Format verleihen

Kleider machen Leute. Stoff und Schnitt sollen Ihnen Format verleihen. Achten Sie auf eine klare Silhouette. Meiden Sie Kleidungsstücke, die Ihnen zu weit sind, an Ihnen herumflattern, beim Gestikulieren mitschwingen. Lassen Sie Verspieltes mit Blümchen, Rüschen und Volants im Schrank. Bevorzugen Sie Klassisches mit klarer Linie. Das ausgewählte Kleidungsstück sollte auch nicht billig wirken – billig sein darf es schon. Wenn ein Hosenanzug aufträgt, knittert oder an Ärmeln und Knöpfen Fäden herunterhängen, wird das unangenehm auffallen. Auch Muster sind mit Vorsicht zu genießen. Sie wirken häufig unruhig.

Zeigen Sie sich als Frau von Format

EXPERTEN-TIPP !

Vorsicht bei großer Oberweite

Achten Sie darauf, dass das Oberteil nicht spannt. Bei Blusen zum Beispiel lässt das im wahrsten Sinne des Wortes tief blicken, weil der Stoff zwischen den Knöpfen auseinanderklafft.

Ein Wort zu Thema Schuhe

Sie sind begeistert von dem ausgezeichneten Erscheinungsbild Ihres Gegenübers – bis Ihr Blick auf die Schuhe fällt. Sie passen stilistisch nicht zur Kleidung oder sind alt und ausgetreten. Billige Treter können ein tolles Auftreten zunichte machen.

Zur Kleidung müssen die Schuhe passen

Achten Sie darauf, dass Ihre Schuhe farblich zum ausgewählten Kleidungsstück passen. Zu dunkler Kleidung tragen Sie dunkle Schuhe, zu heller Kleidung helle. Passen Sie auf mit braunen Schuhen, sie sehen meist nicht businesslike aus. Im Sommer können Sie Pumps oder leichte flache Halbschuhe tragen. Sandalen kommen nicht infrage, denn Zehen und Fersen müssen immer bedeckt sein. Im Winter dürfen die Schuhe etwas fester und wärmer sein, auch Stiefel sind möglich, sollten aber auf keinen Fall nach Schneewanderung aussehen. Mit Freizeitschlappen oder bequemen Gesundheitsschuhen werden Sie bei Personalern nicht gut ankommen.

Handtasche oder Mappe?

Beides ist möglich. Wählen Sie klassische Modelle. Zu viele Laschen, Schnallen oder Glitzer haben darauf nichts zu suchen. Wenn Sie viele Unterlagen oder Arbeitsproben haben, wählen Sie ein entsprechend großes Exemplar. Es sieht nicht schön aus, wenn das Papier überall herausschaut und bei der Anfahrt die ersten Dellen bekommen hat. Wichtig ist, dass die Tasche sauber und an den Ecken nicht abgestoßen ist. Mit etwas Lederpflegemittel lassen sich verblasste Stellen schnell aufpolieren. Erledigen Sie dies aber nicht in der Kleidung für das Vorstellungsgespräch. Das ölige Zeug könnte auf Ihrer Bluse landen oder abfärben.

Welcher Schmuck und wie viel?

Weniger ist mehr

Schmuck verleiht Ihnen Glanz. Weniger ist allerdings mehr. Entscheiden Sie sich für ein paar Ohrringe *oder* eine Brosche *oder* eine Halskette. Dazu kommt dann noch die Uhr. Baumelnde Ohrgehänge, mächtige Ringe, aber auch der tolle Holzschmuck aus dem Urlaub in Peru sind nicht das richtige für ein Vorstellungsgespräch. Unter den Personalern werden Sie vermutlich auch keine Piercing-Fans finden. Haarschmuck sollte sehr dezent sein. Eine schlichte Spange ist nicht nur hübsch, sie bändigt auch das Haar. Glitzernde Teile oder mit bunten Stoffen bezogene Haargummis sind hingegen nicht zu empfehlen. Dass Sie bei einem Vorstellungsgespräch keine Kettchen um die Fußfesseln tragen, versteht sich von selbst.

Stylen Sie sich nicht von Kopf bis Fuß neu

Frauen lieben es, für besondere Anlässe – und dazu gehört auch das Vorstellungsgespräch – etwas Neues zu kaufen. Also laufen sie los und suchen nach dem idealen Kleidungsstück. Wenn sie schon einmal dabei sind, gehen sie auch noch zum Friseur. Könnte man da nicht auch gleich eine neue Haarfarbe ausprobieren?

Ein neues Outfit kann Probleme machen

Voll Freude sieht die neu gestylte Frau dem Vorstellungsgespräch entgegen, denn in punkto Outfit fühlt sie sich auf der sicheren Seite. Aber dann passieren Dinge, mit denen sie nicht gerechnet hat: Beim Anziehen springt ein Knopf von der neuen Kostümjacke ab; es fehlt die Zeit, ihn anzunähen. Die Bluse sieht überhaupt nicht so gut aus wie gedacht; hektisch wird jetzt im Kleiderschrank nach Alternativen gesucht. Aber alles, was infrage kommt, liegt im Wäschekorb. Endlich findet man noch ein Top – aber das passt leider nicht zur neuen Haarfarbe.

Schaffen Sie sich nicht unmittelbar vor einem Vorstellungsgespräch ein komplett neues Outfit an. Denn die neue Kleidung und die neuen Schuhe sind noch nicht eingetragen. Ob Sie sich darin auch noch nach einer Stunde wohl fühlen, wissen Sie nicht. Der neue Rock, der im Stehen prima aussieht, trägt im Sitzen vielleicht auf. Die Schuhe passten im Laden wie angegossen, aber auf dem Weg zur Firma schmerzen schon die Füße. Erst beim Verlassen der Wohnung haben Sie bemerkt, dass der BH durch die Bluse blinzelt. Solche Pannen lenken vermutlich nicht nur den Personaler ab, sondern auch Sie. So können Sie in Sorge sein, dass der Rock verrutscht, der Ausschnitt eine Spur zu tief ist oder jeden Moment ein Knopf abplatzt. Ersparen Sie sich diese Aufregung während eines Vorstellungsgesprächs.

Aber noch etwas spricht gegen ein komplett neues Styling: Personalverantwortliche sind irritiert, wenn ihnen eine Bewerberin entgegentritt, die dem Foto auf dem Lebenslauf nicht mehr ähnelt. Da tritt ihnen nun ein ganz anderer Mensch entgegen. Die Erwartungen werden vielleicht enttäuscht. Unter Umständen findet der Personaler die Bewerberin sogar nicht mehr so sympathisch.

! EXPERTEN-TIPP

Sorgen Sie rechtzeitig für ein gepflegtes Outfit

Tragen Sie „erprobte", gepflegte Kleidung, die Ihnen steht und in der Sie sich wohlfühlen. Überprüfen Sie zwei Tage vorher, ob vom Oberteil über Strümpfe und Schuhe bis hin zur Handtasche alles sauber ist und zusammenpasst. Probieren Sie keine neuen Haarfarben oder neues Make-up aus, erst recht nicht, wenn Sie zu allergischen Reaktionen neigen.

Wie viel Make-up und Parfüm?

Tragen Sie nicht zu dick auf

Ihr Make-up sollte immer dezent sein, d.h. keine grellen Farben, kein blauer oder grüner Lidschatten, der sich womöglich noch bis unter die Augebrauen zieht, kein knallroter Lippenstift, keine verlängerten Wimpern, keine zu roten Wangen. Achten Sie darauf, dass Haut-, Haarfarbe und Make-up harmonieren. Von lackierten Fingernägeln mit trendigem Schliff ist auch abzuraten.

Natürlich geht es auch ohne Make-up. Es gibt viele Frauen, die von Natur aus blendend aussehen. Aber die meisten – seien wir ehrlich – müssen der Natur ein wenig nachhelfen. Etwas Make-up lässt Frauen leuchten. Das ist auch für das Selbstbewusstsein gut, wie das folgende Beispiel zeigt.

PRAXIS-BEISPIEL

Kleine Veränderung – große Wirkung

Maria K. war einige Jahre wegen ihrer Kinder nicht berufstätig. Jetzt waren sie groß genug, so dass Maria K. wieder ins Berufsleben einsteigen konnte. Obwohl sie voller Energie war, wirkte sie blass und erschöpft. Ihr Gesicht brachte zum Ausdruck: „Ich bin eine Frau, die in den letzten Jahren keine Zeit für sich hatte." Die Frisur war praktisch, aber ohne Pfiff. Die Augenbrauen wuchsen über der Nasenwurzel zusammen. Die Lippen hatten kleine Risse und die Augen sahen müde aus. Wir besprachen, wie sie ihren Typ besser zum Ausdruck bringen konnte. Als ich sie das nächste Mal traf, strahlte sie, wirkte frisch und ausgeruht. Das Haar, das vorher einfach nur kurz war, hatte einen sportlichen Schnitt erhalten. Die grauen Strähnen sahen toll darin aus. Mit dem hellen Make-up, den zart getönten Lippen und dezent geschminkten Augen war aus der unscheinbaren Frau eine glänzende Erscheinung geworden. Da sie in ihrem Umfeld zu ihrem Aussehen beglückwünscht wurde, wirkte sie auf einmal viel selbstbewusster und zufriedener.

Vielleicht haben Sie sich bislang nicht getraut, mehr aus Ihrem Typ zu machen. Ich möchte Sie dazu ermutigen! Schauen Sie sich einmal die Frauen genauer an, von denen Sie meinen, dass sie gut gekleidet und geschminkt sind. Kopieren Sie nicht deren Stil, aber lassen Sie sich davon anregen.

Verwenden Sie Parfüm sehr sparsam

Und was das Parfüm betrifft, so bedenken Sie: Was für den einen gut riecht, stinkt dem anderen. Daher ist es besser, kein Parfüm zu verwenden. Wenn Sie sich aber parfümieren möchten, bevorzugen Sie einen leichten, dezenten Duft und tragen Sie ihn sparsam auf.

Attraktiv – ja! Sexy – nein!

Attraktivität kann in einem Vorstellungsgespräch nicht schaden. Im Gegenteil: Gut aussehende Frauen können sicher sein, dass ihnen besondere Aufmerksamkeit geschenkt wird. Auf keinen Fall dürfen Sie aber erotische Signale aussenden. Eine Frau, die viel Haut zeigt und auf High Heels ins Büro des Personalchefs stolziert, mag vielleicht sexy wirken, aber ganz sicher nicht kompetent.

Stehen Sie zu Ihrem Alter

Folgender Satz ist in Stellenanzeigen oft zu lesen: „Freuen Sie sich auf die Mitarbeit in einem jungen, dynamischen Team.“ Wenn Sie in den 20ern sind, lesen Sie über diesen Satz vermutlich hinweg. Doch die Frau ab 30 kommt ins Grübeln. Was zieht man an, wenn man zu einem jungen, dynamischen Team passen will? Der Chef ist wahrscheinlich gerade 30 geworden und seine Mannschaft besteht aus blutjungen Praktikanten und ein paar alten Hasen in den Mittzwanzigern. Müssen Sie jetzt so kleiden wie die jungen Leute? Besser nicht. Erstens hat der Geschäftsinhaber oder Personaler Ihren Bewerbungsunterlagen entnommen, wie alt Sie sind. Und zweitens: Wer sagt Ihnen, dass er nicht gerade die etwas ältere, erfahrene Mitarbeiterin in sein Team holen will?

Darauf sollten Sie verzichten

Verzichten Sie daher auf:

- stark körperbetonte Shirts und Hosen
- eine flippig-trendige Haarfrisur
- das Zeigen bloßer Haut

Diese Tipps gelten übrigens für Frauen jeglichen Alters. Wie wichtig eine altersgemäße Kleidung ist, zeigt das folgende Beispiel:

PRAXIS-BEISPIEL

Nervös wegen falscher Kleidung

Eine 48jährige Klientin hatte sehr kurzfristig einen Termin für ein Vorstellungsgespräch erhalten und bat mich um ein Coaching. Da sie direkt im Anschluss zu der Firma fahren wollte, hatte sie sich bereits für das Gespräch gekleidet. Sie trug einen Minirock und ein eng anliegendes Top. Ihr Haar fiel wallend über Schultern. Die Schuhe hatten hohe Absätze. Während unseres Gesprächs zog sie immer wieder an ihrem Rock, also wolle sie ihn verlängern. „Merken Sie, dass Sie häufig an Ihrem Rock zupfen?" fragte ich. „Ja, ich weiß", antwortete sie, „in der Stellenanzeige stand, dass in der Firma viele junge Leute arbeiten. Ich dachte, dass ich mich da ein bisschen anpassen muss." Sie schaffte es noch rechtzeitig, sich umzuziehen.

Wissen Sie nun, wie Sie sich kleiden, welche Accessoires Sie verwenden können, was Sie sonst noch für Ihr gepflegtes Outfit benötigen? Gehen Sie anhand der folgenden Checkliste noch einmal alles 48 Stunden vor dem Bewerbungsgespräch durch. Sie hilft Ihnen, gut vorbereitet zu sein. Sie werden feststellen, dass Ihnen dieser Check-up Selbstsicherheit verschafft. So können Sie gelassen in das Vorstellungsgespräch gehen.

CHECKLISTE

Kleidung/Tasche/Unterlagen – alles gut vorbereitet?	ja	nein
Ist alles, was Sie tragen werden, sauber und gepflegt (Schuhe, Strümpfe, Kostüm/Hosenanzug, Handtasche)?	✓	
Sind alle notwendigen Unterlagen (Zeugnisse, Arbeitsproben, Anfahrtskizze etc.) sowie Schreibmaterial in der Tasche?		

Haben Sie die Telefonnummer Ihres Gesprächspartners für alle Fälle im Handy gespeichert?		
Falls es regnen sollte: Haben Sie einen Regeschirm dabei?		
Haben Sie ein Schmerzmittel eingepackt, falls Sie plötzlich Kopf- oder Zahnschmerzen bekommen?		
Haben Sie genügend Bargeld eingesteckt, damit Sie ein Taxi zahlen können?		
Bei längerer Anreise: Ist die Fahrkarte griffbereit und haben Sie einen Platz reserviert?		
Bei einer Übernachtung im Hotel: Haben Sie Kosmetika, Shampoo, einen Wecker und Ihren Schmuck eingepackt?		
Haben Sie bequeme Kleidung für die Fahrt parat?		
Haben Sie eine Ersatzstrumpfhose im Gepäck?		
Falls Sie eine Brille tragen: Ist sie sauber?		
Bei der Anreise mit dem Auto: Ist es gewaschen? Ist es aufgeräumt?		

Körpersprache – der Gesamteindruck entscheidet

Viele Bewerber fürchten, dass sie sich mit einer einzigen „falschen" Kopf- oder Armbewegung ins Aus befördern könnten. Es fällt ihnen schwer, sich auf das Gespräch zu konzentrieren, weil sie zu sehr mit der Kontrolle ihrer Körperhaltung beschäftigt sind.

Machen Sie sich bewusst, dass der Gesamteindruck entscheidet. Wie Sie gehen, stehen und sitzen – alles wirkt zusammen und sagt im doppelten Sinne viel über Ihre Haltung aus. Da es nicht sinnvoll ist, Körperhaltungen isoliert zu betrachten und zu bewerten, gehen wir die typischen Bewegungen, die im Laufe eines Vorstellungsgesprächs ergeben, einfach einmal durch. Im Folgenden erfahren Sie nun, welche Haltungen Sie besser vermeiden sollten und wie Sie sich stattdessen verhalten sollten.

So gehen Sie Ihrem Gesprächspartner entgegen

Achten Sie auf Ihren Gang und Ihren Blick. Gehen Sie aufrecht auf Ihr Gegenüber zu. Schauen Sie beim Laufen nicht auf Ihre Füße, suchen Sie den Blickkontakt zum Gesprächspartner. Lächeln Sie zur Begrüßung. Sollte der Personalchef gerade in ein Gespräch mit einem Mitarbeiter vertieft sein, schauen Sie sich nicht schüchtern oder verlegen um, weil er sie noch nicht entdeckt hat. Bleiben Sie in Ihrer aufrechten Haltung, warten Sie in einiger Entfernung, bis er Sie bemerkt hat und gehen Sie dann freundlich auf ihn zu.

Gehen Sie aufrecht, halten Sie Blickkontakt

Darauf achten Sie beim Sitzen

Lassen Sie sich nicht in den Stuhl fallen. Nehmen Sie geräuschlos Platz und stellen Sie die Handtasche oder die Mappe neben dem Stuhl ab. Setzen Sie sich gerade hin. Stellen Sie Ihre Beine so nebeneinander, dass sich die Knie beinahe berühren. Die Füße können sich leicht umschlingen. Diese Haltung schützt Sie sich vor tiefen Einblicken. Nur wenn der Rock lang ist oder Sie eine Hose tragen, können Sie die Beine übereinander schlagen. Probieren Sie zu Hause aus, was für Sie am bequemsten ist. Legen Sie Ihre Hände locker im Schoß zusammen. Oder stützen Sie einen Arm auf der Armlehne ab, mit der anderen Hand greifen Sie den liegenden Arm.

Gestikulieren Sie authentisch

Gesten begleiten Ihre Rede und unterstreichen Aussagen. Sie sollten nicht dazu eingesetzt werden, sich in den Vordergrund zu spielen. Trainieren Sie sich keine Gesten an, die Sie bei anderen beobachtet haben.

Gesten sollten natürlich wirken

Sie wirken meist aufgesetzt und unnatürlich, weil sie nicht zu Ihnen gehören. Bleiben Sie einfach Sie selbst. Wichtig ist, dass Sie nicht aus Nervosität eine bestimmte Geste ständig wiederholen.

EXPERTEN-TIPP

Vorsicht Marotten!

Ticks wie häufiges Kratzen am Kopf oder Berühren der Nase fällt Bewerbern selbst meist nicht auf. Manchmal handelt es sich einfach um Zeichen von Nervosität oder auch Verlegenheit. Fragen Sie die Menschen in Ihrem Umfeld, ob Sie eine solche Angewohnheit haben und versuchen Sie diese in den Griff zu bekommen. Gesprächspartner lassen sich von solchen Angewohnheiten ablenken.

Gutes Benehmen macht Eindruck

In Sachen Benehmen werden viele Fehler gemacht: Wen begrüßt die Bewerberin zuerst, wenn ihr mehrere Gesprächspartner gegenüberstehen? Wann muss sie sich von ihrem Platz erheben oder was ist beim Essen und Trinken zu beachten? Personalprofis wissen: Wer sich zu benehmen weiß, hatte eine gute Kinderstube und wird bei allen gesellschaftlichen Anlässen rund um den Job eine gute Figur machen. Gerade deshalb sollten Sie besonders Wert darauf legen, wie Sie sich verhalten.

Auch Frauen erheben sich bei der Begrüßung

Typische Situation: Sie sitzen in einem Besprechungszimmer und warten auf den oder die Gesprächspartner. Dann treten sie ein. Sie stehen auf und geben demjenigen, der Ihnen am sympathischsten erscheint, zuerst die Hand? Dieses Vorgehen mag zwar spontan sein, korrekt ist es aber nicht.

Findet das Gespräch zwischen Ihnen und dem Personalverantwortlichen statt, erheben Sie sich, gehen auf Ihren Gesprächpartner zu und warten kurz, bis er Ihnen die Hand reicht. Sagen Sie deutlich „Guten Tag" und nennen Sie Ihren Namen. Die alte Regel, dass Frauen bei der Begrüßung nicht aufstehen, gilt nicht mehr.

Der Ranghöchste wird zuerst begrüßt

Sind mehrere Personen anwesend, gilt Folgendes: Die wichtigste Person erfährt als erstes, wer Sie sind. Wenn also der Personalverantwortliche und der Geschäftsinhaber eintreten, wird Sie der Personalverantwortliche seinem Chef vorstellen. Hat der Gesprächspartner einen Doktortitel, sprechen Sie ihn damit an. Da immer nur der höchste Titel genannt wird, sagen Sie „Prof. Schneider", nicht aber „Prof. Dr. Schneider".

So trinken Sie Ihren Kaffee oder Tee

Trinken Sie leise

Bei einem Bewerbungsgespräch wird Ihnen mit Sicherheit ein Getränk angeboten. Nehmen Sie das Angebot an, die Höflichkeit verlangt es. Auch wenn der Kaffee heiß ist, schlürfen Sie nicht. Vermeiden Sie auch, mit dem Löffel lautstark in der Tasse herumzurühren. Falls Gebäck serviert wurde, bedienen Sie sich besser nicht. Die Plätzchen verkleben die Zähne. Das kann beim Sprechen sehr unangenehm sein und die Krümel bleiben vielleicht an Ihrem Mund hängen. Übrigens: Schenken Sie sich Getränke nicht selbst nach.

Die richtige Verabschiedung

Bedanken Sie sich abschließend

Achten Sie auf die Signale der Gesprächspartner. Erst wenn diese sich von ihren Plätzen erheben, stehen Sie auch auf. Sie nehmen Ihre Handtasche oder Mappe in die linke Hand, damit Sie die rechte für die Verabschiedung frei haben. Von der ranghöchsten Person verabschieden Sie sich als Erstes. Bedanken Sie sich bei ihr für die Einladung und das angenehme Gespräch.

Die Einladung zum Essen

Wenn Sie auf der Karriereleiter nach oben steigen, werden Sie vermutlich irgendwann mit einer Einladung zum Essen konfrontiert. Der Personalchef will sich davon überzeugen, dass Sie auch solche Anlässe meistern. Wenn der Geschäftspartner mit Ihnen im Restaurant sitzt und Sie nicht wissen, wie man ordentlich mit Messer und Gabel umgeht, wird es nämlich peinlich.

EXPERTEN-TIPP

Business-Knigge für Frauen – ein Buchtipp

Wenn Sie näher in das Thema einsteigen wollen, empfehle ich Ihnen den „Business-Knigge für Frauen" aus dem Haufe Verlag. Wenn Sie in Fragen des guten Benehmens bei Tisch unsicher sind, beobachten Sie dezent, was Ihre Gastgeber machen und tun Sie es ihnen nach. Bei Speisen, mit denen Sie gar keine Erfahrung haben, dürfen Sie ruhig um Rat fragen: „Entschuldigen Sie, aber wie zerlegt man den Hummer?"

Die richtige Haltung bei Tisch

Bei der Benutzung von Besteck sieht man häufig folgende falsche Haltung: Der linke Arm umschließt regelrecht den Teller. Der Kopf ist tief über die Mahlzeit gebeugt. Die rechte Hand führt nun die Speisen zum Mund, wobei der Unterarm immer in Kontakt zum Tisch bleibt. Die korrekte Haltung sieht aber so aus, dass Ihr linkes Handgelenk auf der Tischkante ruht. Hier halten Sie die Gabel. In der rechten Hand halten Sie das Messer. Der linke Arm hat keinen Kontakt zum Tisch, wenn Sie die Gabel zum Mund führen.

So verhalten Sie sich bei einem Geschäftsessen richtig

Die Grundregeln bei einer Einladung

Beim Essen kann man wirklich viel falsch machen. Damit Sie nicht in Fettnäpfchen treten, sind hier die wichtigsten Regeln für gutes Benehmen bei einem Geschäftsessen aufgeführt. Dazu gehört:

- Schauen Sie, in welcher Preisklasse sich die Bestellungen Ihrer Gastgeber bewegen und wählen Sie dann entsprechend aus.
- Outen Sie sich nicht als Fastfood-Fan.
- Kommentieren Sie das Essen nicht, egal wie es Ihnen schmeckt.
- Beginnen Sie nicht zu essen, bevor alle anderen ihre Speise serviert bekommen haben.
- Essen Sie sich nicht am Brot satt, das vor dem ersten Gang serviert wird, und unter Umständen für alle bestimmt ist.
- Würzen Sie Speisen nicht nach.
- Pusten Sie heiße Speisen nicht kühl.
- Schlürfen und schmatzen Sie nicht.
- Schminken Sie sich nicht bei Tisch nach.

So bereiten Sie die Anfahrt vor

Kommen Sie unbedingt pünktlich

Zu spät zu einem Vorstellungsgespräch zu kommen bedeutet nicht zwangsläufig, dass alles aus und vorbei ist. Aber der erste Eindruck, den der Personalverantwortliche von Ihnen gewinnt (wenn er das Gespräch nicht aus Verärgerung über Ihre Verspätung absagt), ist alles andere als gut und Sie müssen sich nun ganz schön bemühen, um den ersten Pluspunkt zu bekommen. Tun Sie also alles, um pünktlich zu Ihrem Vorstellungsgespräch zu erscheinen. Wenn Sie absehen können, dass Sie es tatsächlich nicht schaffen, rufen Sie unbedingt Ihren Gesprächspartner von unterwegs an.

Wenn Sie einen längeren Weg vor sich haben

Reisen Sie einen Tag früher an

Nehmen wir an, das Vorstellungsgespräch erfordert eine längere Anreise. Findet der Termin vormittags statt, reisen Sie am besten schon am Vorabend an. Spätestens wenn Sie Ihren Koffer ausgepackt haben, erkundigen Sie sich, wie Sie von Ihrer Bleibe in das Unternehmen kommen. Bedenken Sie, dass Sie sich in der Stadt nicht auskennen und nicht wissen, wie lange Sie von A nach B brauchen. Bringen Sie dies in Erfahrung. Planen Sie Verkehrstaus ein, falls Sie mit dem eigenen Auto oder dem Taxi kommen. Apropos eigenes Auto: Wo werden Sie parken? Auch das müssen Sie wissen. Verzögerungen können sich auch bei der Benutzung der öffentlichen Verkehrsmittel ergeben. Vielleicht verlieren Sie wertvolle Zeit vor einem komplizierten Fahrkartenautomaten (fahren Sie nicht schwarz, wenn Sie erwischt werden, kommen Sie erst recht zu spät). Im besten Fall statten Sie dem Unternehmen schon einmal einen Besuch ab, indem Sie es von außen besichtigen. Dann haben Sie bereits einen Eindruck gewonnen und können vermutlich ruhiger schlafen.

EXPERTEN-TIPP

Minimieren Sie Stressfaktoren

Vermeiden Sie nach Möglichkeit Fahrten mit dem Pkw. Schlechtes Wetter, Verkehrsunfälle, Umleitungen, aber auch die Suche nach einem Parkplatz sorgen für Verspätungen. Ersparen Sie sich die Strapazen und benutzen Sie die öffentlichen Verkehrsmittel.

Wenn das Unternehmen in Ihrer Nähe ist

Selbst wenn sich das Unternehmen in Ihrer Stadt befindet, müssen Sie den Weg dorthin gut planen. Falls Sie teils mit den öffentlichen Verkehrsmitteln, teils zu Fuß unterwegs sind, suchen Sie nicht nur auf dem

Stadtplan nach einer nahe gelegenen Haltestelle und der Straße, in der die Firma ihren Sitz hat. Prüfen Sie auch, wie lang die Straße ist und auf welchem Abschnitt sich die Firma befindet. Wenn Sie auf Höhe der Hausnummer 7 aus dem Bus steigen, aber zu Hausnummer 280 müssen, wird Sie eine gewisse Panik erfassen. Bei großen Unternehmen sollten Sie auch die Entfernungen auf dem Werksgelände einplanen.

Auch im Gebäude selbst können noch manche Pannen passieren. Ein Labyrinth aus Fluren kann verhindern, dass Sie rechtzeitig im richtigen Zimmer stehen. Sie sollten es nicht übertreiben und sich Tage vorher in die Firma einschmuggeln, aber den Haupteingang zu kennen, dürfte nicht schaden.

Wer übernimmt die Kosten für die Anreise?

Die Kosten trägt meist der Arbeitgeber

Die Einladung zu einem Vorstellungsgespräch kann für Sie mit einigen Kosten verbunden sein, zum Beispiel für die Anreise, die Unterbringung in einem Hotel sowie die Verpflegung. Diese Kosten muss der Arbeitgeber erstatten, auch wenn er sich nicht für Sie entscheidet. Wenn der Arbeitgeber Ihnen vorher allerdings erklärt hat, dass er die Kosten nicht übernehmen wird oder Sie sich quasi selbst eingeladen haben („Ich könnte einmal bei Ihnen vorbeikommen und mich vorstellen.“) können Sie eine Erstattung nicht verlangen.

Beim Einreichen Ihrer Reisekosten sollten Sie nur die wesentlichen Posten aufführen, also zum Beispiel die Bahnfahrkarte und die Buchungsquittung des Hotels. Das belegte Brötchen, das Sie im Zug gegessen haben, und das Ticket für den Nahverkehr lassen Sie nicht bezahlen.

Was tun, wenn der Lebenslauf nicht ganz glatt verläuft?

Bei der Analyse der Bewerbungsunterlagen halten Personalchefs immer Ausschau nach Brüchen, Lücken oder Auffälligkeiten. Zeigt das hübsche Bild, das Sie von sich abgegeben haben, einen kleineren oder größeren Fleck, will Ihr Gesprächspartner wissen, wie er dorthin gekommen ist. Wenn Sie das erklären können, ohne sich zu disqualifizieren, stimmt das Bild wieder.

Lücken im Lebenslauf machen neugierig

Personaler wissen natürlich, dass nicht immer alles nach Plan läuft. Sie bekommen außerdem immer häufiger Lebensläufe auf den Tisch, die Patchwork-Charakter haben. Manchmal suchen Unternehmen sogar nach Bewerbern, deren Vita nicht geradlinig verläuft. Da werden Arbeitnehmer bevorzugt, die in ganz unterschiedlichen Jobs gearbeitet und damit Flexibilität bewiesen haben, die den Mut zu einem außergewöhnlichen Projekt hatten oder über – auf den ersten Blick exotisch anmutende – Erfahrungen verfügen, die für die geforderten Aufgaben nützlich sein könnten.

Es gibt aber auch Brüche anderer Art. Vielleicht hat sich ein Bewerber etwas zu schulden kommen lassen, wurde gekündigt und muss nun mit einem miserablen Zeugnis auf Jobsuche gehen.

EXPERTEN-TIPP

Seien Sie ehrlich

Welche Auffälligkeiten und Knackpunkte Ihr Werdegang auch aufweist, leugnen Sie diese nicht. Erklären Sie im ersten Schritt, warum es so kam, und machen Sie im zweiten Schritt glaubhaft, dass Sie die Sache überwunden bzw. an sich gearbeitet haben. Der Personalverantwortliche ist bereit, Ihnen zu vertrauen. Das beweist die Einladung zum Vorstellungsgespräch.

Wo sind Ihre wunden Punkte?

Überlegen Sie einmal, wo es in Ihrem Lebenslauf hakt, welche Ereignisse oder Auffälligkeiten den Personaler nachdenklich stimmen könnten. Zu solchen wunden Punkten zählen:

Hier werden Personaler misstrauisch

- berufliche Lücken wegen Erziehungszeiten
- ein beruflicher Umstieg
- ein schlechtes Arbeitszeugnis
- längere Arbeitslosigkeit
- Krankheit
- Abbruch einer Ausbildung oder eines Studiums
- häufiger Arbeitsplatzwechsel

Sie haben Ihre Ausbildung oder Ihr Studium abgebrochen

Man möchte nicht gerade eine Mitarbeiterin einstellen, die Zielstrebigkeit und Durchhaltevermögen vermissen lässt. Insofern fällt der Abbruch einer Ausbildung oder eines Studiums immer negativ auf.

Typische Frage: Warum haben Sie Ihre Ausbildung/Ihr Studium abgebrochen?

Abbruch – warum?

Wichtig wird in diesem Zusammenhang auch sein, wann Sie abgebrochen haben. Haben Sie kurz vor Schluss die Ausbildung oder das Studium hingeschmissen? Hatten Sie Prüfungsangst? Wollten Sie lieber erst einmal jobben anstatt zu lernen? Es bedarf einer Erklärung, um das Misstrauen zu zerstreuen.

So gehen Sie vor

Sie brauchen eine klare Begründung

Erklären Sie, wie es zum Abbruch kam. Mögliche Begründung: Sie haben während der Ausbildung beziehungsweise des Studiums gemerkt, dass Ihnen das Thema doch nicht so liegt wie angenommen und mussten eine Kurskorrektur vornehmen. Erzählen Sie, wie Sie schließlich für sich den „richtigen" Weg gefunden haben, der Sie zu Ihrem jetzigen Beruf geführt hat.

Wegen Ihrer Kinder waren Sie einige Zeit nicht berufstätig

Vor einiger Zeit bat mich die Mitarbeiterin einer großen Versicherung um ein Feedback zu ihrem Lebenslauf. Sie wollte sich bei einer ausländischen Niederlassung bewerben. Er war, von Kleinigkeiten abgesehen, genau so, wie ihn sich Personaler wünschen: ohne Lücken, ohne Brüche, von Lernbereitschaft und Arbeitseifer sowie einem unermüdlichen Willen zum Aufstieg erzählend.

Lückenlose Lebensläufe sind bei Frauen selten

Der Bruch kommt mit der Geburt der Kinder

Ein so glatter, vom Karrierewillen geprägter Lebenslauf liegt selten auf meinem Tisch. In der Vita der meisten Frauen, die ich coache, gibt es eine große Lücke, verursacht durch die Erziehung von Kindern. In der Regel sind es acht bis zehn Jahre, in denen Familienarbeit statt Erwerbstätigkeit auf dem Plan steht. Manche Frauen überbrücken diese Zeit mit Minjobs, Ehrenämtern oder einer Weiterbildung.

Der Wiedereinstieg ist meist schwerer, als die Frauen angenommen haben. Sie sind nun mittleren Alters mit „Anhang" und müssen mit jüngeren Bewerbern konkurrieren, die zu Hause keinen Familienbetrieb führen müssen, flexibler und oft auch ortsunabhängig sind.

Die Vorbehalte gegenüber Bewerberinnen, die kleine Kinder haben, sind groß. Doch meine Erfahrung zeigt: Steuert der Nachwuchs den zehnten Geburtstag an und ist die Familienplanung abgeschlossen, steigen die Chancen am Arbeitsmarkt. Trotz beruflicher Lücke zeigt sich nun so mancher Personalverantwortliche aufgeschlossen. Doch er will sich versichern, dass sich die Bewerberin die Aufgabe auch zutraut.

Typische Frage: Können Sie mit modernen EDV-Programmen umgehen?

Auf keinen Fall will man riskieren, dass die neue Mitarbeiterin MS Office, Excel oder andere wichtige Programme nicht beherrscht.

So gehen Sie vor

Sie haben sich selbstverständlich fortgebildet

Sie haben während der Erziehungszeit Kurse besucht, so dass Sie mit den gängigen Programmen gut umgehen können. Falls Sie seit Jahren zu Hause routiniert die private Buchhaltung und die Korrespondenz am PC erledigen, sagen Sie das natürlich auch. Sollten Sie sich nicht sicher im Umgang mit den für die Stelle erforderlichen Programmen fühlen, erklären Sie, dass Sie sich bereits für Auffrischungskurse angemeldet haben (das sollten Sie dann aber auch schleunigst tun!).

Typische Frage: Haben Sie nicht wichtige Entwicklungen auf dem Arbeitsgebiet verpasst, in dem Sie tätig sein sollen?

Die Frage ist allzu berechtigt, wenn man bedenkt, wie schnell in bestimmten Branchen das Wissen veraltet. Eine Frau, die mehrere Jahre nicht mehr in ihrem Beruf tätig war, wird mit dieser Frage sicherlich rechnen müssen.

So gehen Sie vor

Sie sind auf dem Laufenden über die neuesten Entwicklungen in Ihrem Beruf. Sie lesen selbstverständlich Fachzeitschriften und Bücher, holen Informationen über das Internet ein, tauschen sich mit ehemaligen Kollegen aus und haben Ihr Wissen mit den notwendigen Kursen auf den neuesten Stand gebracht. Sie sind überzeugt, dass Sie nach zwei bis drei Wochen Einarbeitung wieder „drin" sind.

Sie sind up to date

Typische Frage: Arbeiten Sie zügig?

Die Befürchtung des Personalchefs: Wenn Sie schon etwas älter sind und vielleicht mit dem PC ein wenig auf Kriegsfuß stehen, könnte es sein, dass Sie sich überfordert fühlen und mit den schneller arbeitenden Kollegen nicht mithalten können.

So gehen Sie vor

Sie werden rasch eingearbeitet sein. Da Sie auch früher zügig gearbeitet haben, verstehen Sie nicht, warum dies in Zukunft anders sein sollte.

Sie arbeiten sich schnell ein

Frauen mit Kindern wird gern auch einmal eine provozierende oder gar gemeine Frage gestellt. Welche dies sind und wie Sie darauf reagieren, erfahren Sie ab Seite 123.

EXPERTEN-TIPP !

Fördern und fordern Sie sich selbst

Ein Tipp für alle Frauen, die den Wiedereinstieg erst planen: Fördern Sie nicht nur Ihre Kinder, sondern auch sich selbst. Besuchen Sie Weiterbildungen, helfen Sie in Ihrer alten Firma ab und zu aus, kurz gesagt: Bleiben Sie am Ball. So verbessern Sie Ihre Chancen erheblich!

Sie haben den Beruf gewechselt

Was motiviert einen Menschen, den alten Beruf an den Nagel zu hängen und einen neuen Weg einzuschlagen? Der berufliche Umstieg ist immer ein Thema, bei dem Personaler nachhaken, vor allem wenn beide Berufe wenig gemeinsam haben. Die häufigsten Bedenken:

Die häufigsten Bedenken des Interviewers

- Die Bewerberin hat ihren ersten Beruf nicht sorgfältig ausgewählt.
- Sie hat ihren früheren Job „durchgezogen", obwohl er ihr nicht liegt. Lag es an Bequemlichkeit oder mangelnden Chancen auf anderen Gebieten?
- War eine Krankheit die Ursache für den Umstieg?

So gehen Sie vor

Erklären Sie, wie es zu der Entscheidung, sich neu zu orientieren, gekommen ist. Auf keinen Fall darf der Eindruck entstehen, dass Sie Ihre Berufswahl unüberlegt getroffen haben, nach dem Motto „Mein alter Job hat mir eigentlich nie gefallen. Jetzt versuche ich eben etwas anderes." Wichtig ist, dass Sie plausibel machen können, warum der zweite Beruf nun der richtige ist. War eine Krankheit wie zum Beispiel eine Allergie der Grund für den Umstieg, sollten Sie dem Personalverantwortlichen die Sorge nehmen, dass die Krankheit im neuen Job wieder ausbrechen könnte. Von Vorteil ist, wenn Sie darlegen können, dass Sie für beide Berufe ein Händchen haben.

PRAXIS-BEISPIEL

Eine schlüssige Darstellung

Mehr als sieben Jahre hat Luisa P. im Verkauf gearbeitet. Jetzt sucht sie eine Stelle als Empfangskraft.

Personalchef:	„Warum haben Sie sich entschlossen, den Beruf zu wechseln?"
Luisa P.:	„Dazu muss ich vorwegschicken: Ich habe viele Jahre gerne im Verkauf gearbeitet. Der Umgang mit Menschen liegt mir einfach. Aber viele Fähigkeiten, die ich darüber hinaus habe, liegen brach. Ich weiß zum Beispiel, dass ich sehr gut organisieren kann. Diese Fähigkeit ist beim reinen Verkauf so gut wie gar nicht gefragt. Also habe ich vor einem knappen Jahr den Entschluss gefasst, in den Abendstunden und am Wochenende eine Ausbildung im Bereich Sekretariat zu machen."
Personalchef:	„Im Bereich Sekretariat haben Sie aber noch keine praktische Erfahrung, nicht wahr?"
Luisa P.:	„Ich verstehe Ihre Bedenken, kann sie aber zerstreuen. Ich verfüge über alle notwendigen Kenntnisse, die eine Empfangskraft benötigt, und traue mir die Aufgaben zu. Darüber hinaus sollte man nicht vergessen, dass Sie von meinen Erfahrungen im Verkauf profitieren werden. In beiden Berufen kommt es darauf an, sich gut auf Kunden einzustellen und sie zuvorkommend zu bedienen."

Ihr Zeugnis ist kein Glanzstück

Eine besondere Herausforderung besteht für Bewerber darin, ein schlechtes Arbeitszeugnis zu verkaufen. Der Personalverantwortliche hat sich davon zwar erst einmal nicht abschrecken lassen, schließlich wurden Sie zum Vorstellungsgespräch eingeladen. Doch er wird wissen wollen, was es mit diesem „Ausreißer" auf sich hat. Einen Mitarbeiter oder eine Mitarbeiterin, die schlechte Leistungen bringt oder mit Vorgesetzten oder Kollegen nicht klarkommt, möchte man sich natürlich nicht ins Haus holen.

Typische Frage: Ihrem Zeugnis entnehme ich, dass Sie die Aufgaben nicht zur vollsten Zufriedenheit des Arbeitgebers erledigten. Wie lässt sich das erklären?

„Zur „vollsten Zufriedenheit"

Die meisten Personalverantwortlichen erwarten, dass Sie „zur vollsten Zufriedenheit" gearbeitet haben. Dies entspricht einer sehr guten Bewertung. Heißt es nur „zur vollen Zufriedenheit" oder gar nur „zur Zufriedenheit", lässt das auf weniger gute Leistungen schließen und Ihr Gesprächspartner wird nachhaken.

So gehen Sie vor

Wenn Ihr Zeugnis im Prinzip gut ist und keine Fehler oder Vergehen darin angedeutet wurden, erklären Sie, dass Sie immer davon ausgegangen sind, dass es sich hier um ein ordentliches Zeugnis handelt.

Stehen Sie zu Ihrem Zeugnis

Ist das Zeugnis nun wirklich kein Glanzstück? Dann sollten Sie dazu stehen, ohne aber die Probleme oder Defizite, die zu der schlechten Bewertung geführt haben, in aller Ausführlichkeit auszubreiten. Wurden Sie nicht richtig eingearbeitet und waren dann überfordert? Gab es private Probleme oder Schicksalsschläge, die Sie sehr belastet haben und sich auf Ihre Leistungsfähigkeit negativ auswirkten – die Sie jetzt aber natürlich überwunden haben? Wichtig ist, dass Sie den Personalverantwortlichen in dem Glauben bestärken, dass Sie nur einen „Durchhänger" hatten und jetzt wieder auf der Höhe Ihrer Leistungskraft sind.

Sie waren arbeitslos

Sie haben eine neue Stelle gesucht

Arbeitslosigkeit kann heute jeden treffen. Wenn Ihnen die Firma zum Beispiel aus betriebsbedingten Gründen kündigen musste, wird kein Personaler die Nase rümpfen. Aber er wird wissen wollen, ob Sie in der Zeit Ihrer Arbeitslosigkeit aktiv nach einer neuen Stelle gesucht haben.

Nutzten Sie die Zeit, um sich weiterzubilden? Haben Sie alle Angebote und Möglichkeiten genutzt, um eine neue Aufgabe zu finden? Zeigten Sie Eigeninitiative? Machen Sie plausibel, dass Sie alle Anstrengungen unternommen haben, um rasch den Wiedereinstieg zu finden.

Typische Frage: Sie waren arbeitslos. Warum so lange?

Eine längere Phase der Arbeitslosigkeit regt immer den Verdacht, dass sich der Bewerber nicht ernsthaft um eine Stelle bemüht hat oder ein schwieriger Zeitgenosse ist, auf dessen Mitarbeit man lieber verzichtet.

So gehen Sie vor

Erklären Sie die Umstände

Hagelte es in der ganzen Branche Entlassungen? Wollten Sie nicht leichtfertig eine Stelle annehmen, die so gar nicht Ihren Qualifikationen und Erfahrungen entsprach und überhaupt nicht zu Ihren weiteren beruflichen Plänen passte? Lassen Sie in Ihrer Begründung deutlich werden, dass die Umstände ungünstig waren. Beschreiben Sie danach, was Sie alles unternommen haben, um wieder eine Arbeit zu finden, indem Sie beispielsweise auf Weiterbildungen oder die Teilnahme an Bewerbungstrainings hinweisen.

Eine Krankheit hat Sie länger lahmgelegt

Wenn Sie wegen einer Krankheit länger nicht arbeiten konnten, weckt dies zwangsläufig die Neugier des Personalers. Er wird wissen wollen, um welche Krankheit es sich handelte und ob sie vollkommen ausgeheilt ist.

Typische Frage: Was für eine Krankheit hatten Sie? Ist sie überwunden?

Der Personalverantwortliche möchte sichergehen, dass Sie körperlich gesund und psychisch stabil sind. Die Leistungsfähigkeit der künftigen

Mitarbeiterin soll nicht durch wiederkehrende oder dauerhafte gesundheitliche Probleme beeinträchtigt werden.

So gehen Sie vor

Dazu müssen Sie Folgendes wissen: Ganz generell den Gesundheitszustand eines Arbeitnehmers abzufragen ist unzulässig. Zulässig sind Fragen nach Erkrankungen nur dann, wenn sie die Eignung und Einsatzfähigkeit für die Stelle betreffen. Eine Floristin müsste eine Allergie gegen Blütenstaub also zugeben. Zulässig sind auch Fragen nach ansteckenden Krankheiten oder einer Operation, wenn diese eine längere Arbeitsunfähigkeit zur Folge hat. Ebenso darf nach einer Schwerbehinderung gefragt werden. Die gelegentliche Migräne oder den jährlichen Heuschnupfen müssen Sie nicht nennen. Je nach Erkrankung sollten Sie sich bei einem Anwalt für Arbeitsrecht darüber informieren, ob und wie Sie auf diese Frage antworten können.

Wie Sie alles Wichtige über das Unternehmen herausfinden

Internet sei Dank! Seitdem wir über das Netz an Informationen kommen, ist die Vorbereitung auf ein Vorstellungsgespräch für Bewerber wesentlich leichter geworden. Wenn Sie Ihre Einladung zum Vorstellungsgespräch erhalten haben, können Sie also mühelos mit der Informationsrecherche beginnen.

Was Sie der Homepage entnehmen können

Als perfekte Bewerberin haben Sie sich die Homepage natürlich längst angesehen, um Ihr Anschreiben exakt auf das Unternehmen zuschneiden zu können. Nun schauen Sie sich die Homepage noch etwas genauer an. Wichtig ist, dass Sie sich nun alle Seiten wirklich gründlich durchlesen. In der Regel werden Sie hier mindestens die folgenden Themen finden:

Diese Seiten der Homepage sind wichtig

- das Unternehmen und seine Historie
- Produkte
- Philosophie oder Arbeitsweise
- Kunden/Referenzprojekte
- Karriere/Stellenangebote

Oft wenig beachtet, aber ebenso wichtig sind folgende Seiten:

- Presse (oft auch Pressemitteilungen oder Pressearchiv)
- Impressum

Das Unternehmen und seine Historie

Lesen Sie die Firmengeschichte

Wenn Sie nicht gerade bei einer jungen Firma gelandet sind, die erst seit kurzem am Markt ist, erwartet der Personaler, dass Sie die Geschichte der Firma in Grundzügen kennen. Je größer und traditionsreicher ein Unternehmen ist, desto peinlicher ist es, wenn man den Gründervater oder Bahn brechende Produktentwicklungen nicht kennt. Lesen Sie die Seiten der Homepage, die „Über uns" oder „Firmengeschichte" heißen. Hier steht alles Wichtige. Sie sollten wissen, wann das Unternehmen gegründet wurde, wer es maßgeblich vorangebrachte und mit welchen Leistungen es sich einen Namen gemacht hat. Die gesamte Historie mit Jahreszahlen zu kennen wäre ein bisschen zu viel des Guten. Versäumen Sie im Übrigen nicht, Geschäftsberichte, Broschüren und Flyer von der Homepage herunter zu laden, falls solche Materialien zur Verfügung stehen. Hier finden Sie in der Regel ausführlichere Informationen, zum Beispiel zur Geschäftsentwicklung, zu Umsatz und Gewinn, Beteiligungen, Tochterunternehmen und Niederlassungen sowie zur Anzahl der Mitarbeiter etc.

Produkte

Was verkauft die Firma überhaupt?

Während des Coachings für ein Vorstellungsgespräch stellt sich häufig heraus, dass die Bewerberinnen die Produkte oder Dienstleistungen des Unternehmens, bei dem sie sich bewerben wollen, kaum oder gar nicht kennen. Was verkauft das Unternehmen eigentlich genau? Oft haben Bewerber und Bewerberinnen auch Mühe zu erklären, was an welche Kundengruppen verkauft wird.

Hier sollten Sie wirklich Bescheid wissen. Sie müssen aber noch mehr in Erfahrung bringen: Zeichnen sich die Produkte oder Dienstleistungen durch etwas Besonderes aus oder gibt es sie in ähnlicher Form auch bei Wettbewerbern? Das ist wichtig, damit Sie nicht in ein Fettnäpfchen treten beziehungsweise demonstrieren können, dass Sie sich in der Branche auskennen.

PRAXIS-BEISPIEL

Produktkenntnisse des Hauses sind wichtig

Folgende Szene kommt gar nicht so selten vor: Der Personaler fragt, ob die Bewerberin die Produkte oder Dienstleistungen des Hauses kennt. Sie antwortet, dass dies der Fall ist und schildert ihre positiven Erfahrungen damit. Als der Personaler genauer nachfragt, stellt sich heraus, dass sie die Produkte und Dienstleistungen eines Konkurrenten meint. Das bringt einen Minuspunkt!

Philosophie oder Arbeitsweise

Wie und warum arbeitet das Unternehmen so?

Hinter den mit „Philosophie", „Arbeitsweise", manchmal auch „Vision" betitelten Seiten der Homepage steckt oft nicht mehr als heiße Luft. Manche Firmen haben aber tatsächlich eine spezielle Philosophie und diese sollte man auch kennen. Ikea beispielsweise steht für ein besonderes Konzept: Auch Menschen, die nicht viel Geld zur Verfügung haben, sollen die Möglichkeit bekommen, sich geschmackvoll einzurichten. Wenn der Personaler die Frage stellen würde, ob man die Philosophie des bekannten schwedischen Möbelhauses teilt, dürfte man nun wirklich nicht ins Stottern geraten.

Kunden/Referenzen

Wer wird beliefert?

Dieser Seite der Homepage entnehmen Sie, für wen das Unternehmen arbeitet. Gibt es darunter vielleicht Firmen, mit denen auch Sie im Laufe Ihres Berufslebens zu tun hatten? Das wäre prima, denn dann haben Sie schon ein paar Anknüpfungspunkte. „Sie liefern ja an die Firma Hauser. Für das Unternehmen war ich übrigens auch schon tätig ..." und so weiter. Selbstverständlich lassen Sie sich nicht zu Urteilen über diesen

Kunden hinreißen („Dann kennen Sie ja auch diesen verrückten Vertriebschef. Ist der immer noch da?").

Karriere/Stellenangebote

Welche Stellen werden angeboten?

Dies ist eine interessante Seite, die Sie aufmerksam lesen sollten. Sind mehrere offene Stellen zu besetzen? Ist die Stelle, auf die Sie sich beworben haben, die einzige, die auftaucht? Lesen Sie sich die Stellenbeschreibungen durch und Sie werden weitere interessante Informationen erhalten. Zum Beispiel können Sie herausbekommen, ob das Unternehmen tatsächlich so groß ist, wie es den Anschein hat, in welchen Bereichen es expandiert, ob es eher jüngere als ältere Mitarbeiter beschäftigt. Finden Sie hier auch den Namen des Personalverantwortlichen wieder, der Ihnen die Einladung geschickt hat? Wenn er mit Foto abgebildet ist, können Sie sich gleich ein Bild von ihm machen.

Presse (Pressemitteilungen/Pressearchiv)

Was sagt die Presse über das Unternehmen?

Diese Seiten dürfen Sie nicht links liegen lassen. Auch wenn Sie sicher sein können, dass das Unternehmen nur die positiven Presseartikel auf diese Seite gestellt hat, können Sie daraus doch wertvolle Informationen gewinnen. Berichten die großen Tageszeitungen und Fachmedien über das Unternehmen oder kaum bekannte Blätter? Welche Themen werden behandelt und was lässt sich daraus ablesen? Hier erfahren Sie zum Beispiel, ob das Unternehmen bundesweit und international bekannt ist, ob es Wettbewerber aus dem Rennen geschlagen hat, ob es sich sozial engagiert und dergleichen mehr.

Impressum

Wichtige Namen finden Sie hier

Das Impressum steht meist ganz versteckt am unteren oder oberen Seitenrand. Aber es lohnt sich, einen Blick darauf zu werfen. Hier finden Sie die Namen der Geschäftsführer beziehungsweise Inhaber. Merken

Sie sich diese Namen. Sie könnten – gerade wenn Sie sich in kleinen oder mittleren Unternehmen vorstellen – vom Inhaber selbst interviewt werden. Dann kann es ganz schön peinlich werden, wenn Sie nicht wissen, mit wem Sie gerade sprechen.

Bevor Sie in das Vorstellungsgespräch gehen, prüfen Sie sich noch einmal anhand der folgenden Checkliste. Wenn Sie bei der einen oder anderen Frage ein Nein stehen haben, nehmen Sie sich etwas Zeit und recherchieren Sie so lange, bis Sie den Eindruck haben, nun genügend vorbereitet zu sein. Der Aufwand lohnt sich auf jeden Fall!

CHECKLISTE

Wissen Sie alles Wichtige über das Unternehmen?	ja	nein
Korrekter vollständiger Name mit Rechtsform	✓	
Namen der Vorstände und Geschäftsführer		
Kenntnisse über die Branche		
Unternehmensgründer		
Firmengeschichte		
Anzahl der Mitarbeiter		
Umsatz		
Stellung am Markt		
Geschäftsfelder		
Produktpalette und neueste Entwicklungen beziehungsweise Dienstleistungen		
Arbeitsphilosophie		
Wichtigste Konkurrenten		
Unternehmensstrategie		
Zukunftspläne		
Ausländische Niederlassungen mit ihren Aktivitäten		

Recherchieren Sie sonstige Einträge im Internet

Nutzen Sie Suchmaschinen

Der Blick auf die Homepage ist nur der erste Schritt auf der Suche nach Informationen über das Unternehmen. Deshalb geben Sie anschließend den Namen des Unternehmens in eine Suchmaschine ein. Nun bekommen Sie vermutlich eine ganze Liste von Einträgen, die ebenfalls nützlich sein können. Wo taucht das Unternehmen überall auf und was wird berichtet? Erfahren Sie vielleicht etwas über unternehmenspolitisch wichtige Entscheidungen, über besondere Verdienste und Auszeichnungen, vielleicht aber auch über Skandale? Ihr Bild vom Unternehmen wird sich nun vervollständigen.

Es ist aber auch möglich, dass Sie wenig oder gar nichts über das Unternehmen finden. Vielleicht ist es noch nicht sehr bekannt oder blüht im Verborgenen. Auch das ist wichtig zu wissen. Vielleicht möchten Sie im Vorstellungsgespräch hierzu nachhaken. „Ich habe im Internet gar nichts über Ihr Unternehmen gefunden außer der Homepage. Wie kommt das eigentlich?“ Die Antwort wird sicher aufschlussreich sein.

Wie Sie Unterlagen beim Unternehmen anfordern

Bitten Sie um Infomaterial

Unter der Voraussetzung, dass Sie eine ergiebige Homepage vor sich hatten, wissen Sie über die Firma nun schon sehr viel. Aber was tun, wenn Sie nicht den Geschäftsbericht, Broschüren oder Flyer von der Homepage herunterladen konnten oder die Homepage außer Werbefloskeln nichts hergab? Dann müssen Sie sich ein Herz fassen, bei dem Unternehmen anrufen und um Material bitten. „Oh, wie schrecklich!“ klagen dann viele Bewerberinnen, „da verhaspele ich mich doch nur und die denken vielleicht, dass ich zu dämlich bin, um anderweitig zu recherchieren!“ Da irren Sie. Sie werden als besonders engagierte Bewerberin eingestuft, die keine Mühen scheut, um perfekt vorbereitet zu sein. Die Frage ist, wen Sie um Material bitten können. Bei größeren und mittleren Unternehmen ist die Presseabteilung Ihr Ansprechpartner. Sie wird über Geschäftsberichte, Pressemitteilungen und so weiter verfügen. Bei kleinen Firmen können Sie die Person, die Sie am Telefon haben, um Material bitten. Bedenken Sie aber, dass man dort wahrscheinlich nicht so üppig mit Material ausgestattet ist.

Da viele Bewerberinnen Scheu haben, bei Firmen um Material zu bitten, hier ein Beispiel, wie ein derartiges Telefonat ablaufen kann.

PRAXIS-BEISPIEL

Anruf in der Presseabteilung

Bewerberin: „Guten Tag. Mein Name ist Anna Liebrecht. Ich habe in der nächsten Woche ein Vorstellungsgespräch in Ihrer Marketingabteilung und möchte so gut wie möglich darauf vorbereitet sein. Haben Sie vielleicht noch Informationsmaterial über Ihr Unternehmen, das Sie mir schicken könnten? Die Homepage Ihres Unternehmens habe ich bereits besucht."

Pressereferent: „Sicher, wir haben eine ganze Menge. Ich schicke Ihnen einmal unsere Imagebroschüre, in der steht alles Wesentliche. Und dann haben wir speziell für Bewerber auch noch einen Flyer aufgelegt, der für Sie interessant sein könnte. Er kommt vor allem auf Recruitingmessen zum Einsatz. Ich denke, damit sind Sie dann gut versorgt. Unsere Pressemitteilungen haben Sie sicher schon auf der Homepage entdeckt, die können Sie herunterladen."

Bewerberin: „Ja, ich habe schon einiges gelesen, vielen Dank. Es freut mich, dass Sie mir noch Material schicken können. Dann gebe ich Ihnen meine Adresse ..."

Fragen Sie nach einem Tipp

Am Schluss des Telefonats fragen Sie: „Haben Sie vielleicht noch einen Tipp für mich, was ich noch tun kann, um gut vorbereitet zu sein?“

Möglicherweise erfahren Sie jetzt, dass sich das Unternehmen ganz in Ihrer Nähe auf einer Messe präsentiert und Sie dort einmal vorbeikommen könnten. Wenn Sie es möglich machen können, sind Sie natürlich da und können damit beim Vorstellungsgespräch punkten.

So finden Sie heraus, wer Sie interviewt

Bringen Sie etwas über den Personaler in Erfahrung

Mithilfe des Internets können Sie Wichtiges über die Person in Erfahrung bringen, die Sie interviewen wird. Wenn Sie den Namen des Personalers oder Firmeninhabers in Erfahrung gebracht haben, geben Sie den Namen in eine Suchmaschine ein. Dabei stoßen Sie vielleicht auf den Lebenslauf des Interviewers, erfahren, bei welchen Firmen er in der Vergangenheit beschäftigt war, ob er sich in bestimmten Bereichen, zum Beispiel Personalentwicklung oder Personalmessen, in Interessenverbänden oder Gremien besonders engagiert. Vielleicht finden Sie heraus, dass sich Ihr Interviewer auf ein bestimmtes Thema spezialisiert hat. Möglicherweise entnehmen Sie einem Zeitungsartikel, dass er auf seinem Gebiet seit Jahren Herausragendes leistet. Das ist gut zu wissen. Es könnte sein, dass seine Fragen aus dieser Richtung kommen. Manchmal erfährt man über das Internet auch, dass der Interviewer einen Sport oder ein anderes Hobby besonders ambitioniert pflegt. Man sollte solches Wissen nicht unterschätzen. Zur rechten Zeit im Gespräch fallen gelassen, können Sie damit Sympathiepunkte sammeln. Außerdem haben Sie nicht mehr das Gefühl, einem völlig fremden Menschen gegenüberzustehen.

Wenn Sie einen Informanten haben

Nutzen Sie persönliche Kontakte

Nicht selten kommt es vor, dass ein Freund oder Bekannter in dem Unternehmen arbeitet, in dem Sie sich vorstellen werden. Dieser kennt den Personaler und vielleicht sogar das ganze Vorstellungsprozedere. Dann befragen Sie den Bekannten natürlich vorher, auf welchen Typ Interviewer man sich einstellen muss. Bei dieser Gelegenheit erhalten Sie sicher auch noch die eine oder andere Information über die Abteilung, bei der Sie arbeiten werden. Aber Vorsicht: Plaudern Sie später nichts aus, was Ihnen vertraulich mitgeteilt wurde. Falls Sie auf den Bekannten zu sprechen kommen, wissen Sie natürlich nur Gutes über ihn zu sagen, und auch Ihr Bekannter hat Ihnen selbstverständlich nur das Beste über die Firma erzählt!

Fragen Sie, wie viele Personen am Gespräch teilnehmen werden

Wenn Sie den Termin für das Vorstellungsgespräch bestätigen, fragen Sie, wer Sie interviewen wird. Es kann sein, dass ein oder zwei Namen genannt werden. Falls man Ihnen die Funktion der beiden Interviewer nicht nennen sollte, fragen Sie danach. Aber Vorsicht! Wenn die Personalerin sagt „Herr Möllner und ich werden mit Ihnen sprechen." und sie Ihnen auf Ihre Nachfrage hin erklären muss, dass es sich bei Herrn Möllner um den Geschäftsführer handelt, wird es peinlich. Sie sollten also die wichtigsten Menschen im Unternehmen recherchiert haben.

Achtung „Spiel"

Nehmen wir nun einmal an, Sie haben es mit zwei Interviewern zu tun: dem Personalverantwortlichen und dem Vorgesetzten der Fachabteilung, in der Sie arbeiten werden. Das Gespräch muss nicht, kann aber anstrengender für Sie werden. Sehr häufig kommt es nämlich zu folgendem „Spiel": Der Personaler gibt den Sachorientierten, der Geschäftsführer den Unberechenbaren. Da kann es sein, dass der Personaler Näheres zu Ihrer Ausbildung wissen will und mitten im Satz unterbricht Sie der Fachvorgesetzte mit einer provokanten Bemerkung: „Warum haben Sie nicht Betriebswirtschaft studiert?" Lassen Sie sich davon nicht aus der Fassung bringen. Gehen Sie auf die Frage des Geschäftsführers ein („Meine Neigungen gingen in eine andere Richtung und ein Kommunikationswissenschaftler hat natürlich auch seine Qualitäten, zum Beispiel ..."). Dann kehren Sie zur Ausgangsfrage des Personalers zurück, wenn dieser Sie dazu auffordert. Wichtig ist, dass Sie Ruhe bewahren, beim Reden abwechselnd mal den einen, dann den anderen Gesprächspartner ansehen und keinem von beiden das Gefühl geben, weniger wichtig zu sein.

Behalten Sie die Nerven

Vielleicht treffen Sie auf drei Interviewer. Personalverantwortliche erweitern den Kreis der Entscheider, wenn es in die zweite oder dritte Runde geht. Dies ist im Übrigen eine „Ehre", die nicht nur Führungskräften zuteil wird. Auch bei weniger verantwortungsvollen Stellen kann es vorkommen, dass Sie mehreren Interviewern gegenübersitzen. Hier gilt dasselbe wir für zwei Interviewer: die Nerven behalten. Der Personaler möchte Sie denjenigen Vorgesetzten beziehungsweise Kollegen vorstellen, die mit Ihnen zusammenarbeiten werden. Oft haben sich die dazu Gebetenen bei Weitem nicht so viele Gedanken über das Gespräch gemacht wie der Personaler und Sie. Das soll Sie nicht zu unüberlegten Antworten animieren, Ihnen aber ein wenig die Angst vor diesem „Tribunal" nehmen.

CHECKLISTE

Kennen Sie Ihre/n Gesprächspartner?	ja	nein
Kennen Sie Vor- und Nachname Ihres Gesprächspartners?	✓	
Hat er einen Doktor- oder Adelstitel?		
Wissen Sie, welche Funktion er bekleidet und wie diese lautet?		
Wissen Sie, wofür er zuständig ist?		
Haben Sie etwas zum Karriereweg des Gesprächspartners im Internet finden können?		
Engagieren sich die Interviewer in Bereichen, die nicht unmittelbar mit dem Unternehmen zu tun haben?		
Sind sie in Gremien, Vereinen, Verbänden tätig?		
Wissen Sie, wofür sich diese einsetzen?		

Nutzen Sie Ihre Intuition

Ratgeber für das Vorstellungsgespräch beschäftigen sich vor allem mit der Frage, was Personalverantwortliche aus dem Verhalten von Bewerbern herauslesen. Wechseln wir doch einmal die Perspektive: Was können Bewerber aus dem Verhalten von Personalern herauslesen? Diese Frage ist mindestens genauso interessant, liefert sie doch wichtige Hinweise dafür, wie sich Sie sich auf Ihren Interviewer optimal einstellen können. Es geht darum, die verbalen und körpersprachlichen Signale des Personalers wahrzunehmen und feinfühlig darauf zu reagieren. Denn immer wieder ist festzustellen, dass Bewerber Sensibilität im Umgang mit dem Interviewer vermissen lassen.

Frauen haben emotionale und soziale Intelligenz

Um sich optimal auf den Personaler einzustellen, ist Ihre emotionale und soziale Intelligenz gefragt, die Sie als Frau zweifelsohne besitzen: die Fähigkeit, sich in die Gefühle anderer hineinzuversetzen, aus Mimik und Gestik zu lesen, zuzuhören, Misstöne zu erkennen und sensibel zu agieren. So können Sie der Gefahr vorbeugen, Ihrem Gegenüber vor den Kopf zu stoßen oder Erwartungen nicht zu erfüllen. Ihre emotionale Intelligenz wird Ihnen helfen, das Gesprächsklima positiv zu beeinflussen.

Die Aufgabe besteht darin,

- aus der Körpersprache des Interviewers zu lesen,
- die Motive zu erkennen, die hinter seinen Fragen stehen,
- und positiv sowie authentisch zu reagieren.

Achten Sie auf die Körpersprache Ihres Gegenübers

Die meisten Bewerberinnen sind während des Gesprächs vollkommen auf ihre eigene Körperhaltung konzentriert. Doch Sie sollten die Haltung des Personalers ebenfalls im Blick behalten. Hier eine Zusammenstellung typischer Körperhaltungen und was sie bedeuten.

Körpersprache – Wie Sie sie interpretieren	
Körperhaltung	Ihre Bedeutung
Hält Augenkontakt zu Ihnen, nickt immer wieder zustimmend mit dem Kopf, lächelt freundlich.	– hohe Aufmerksamkeit – Zustimmung
Lehnt sich lässig im Stuhl zurück, schlägt die Beine übereinander, stützt den Kopf auf einen Arm ab.	– mangelnde Aufmerksamkeit, Gleichgültigkeit – eventuell Müdigkeit
Legt beziehungsweise wischt Ihre Bewerbungsunterlagen demonstrativ zur Seite und beginnt dann zu sprechen.	– demonstrative Souveränität
Blickt auf die Uhr.	– Ist abgelenkt, steht unter Stress – Bewerber sollte sich kürzer fassen
Kaum Augenkontakt, der Blick schweift ständig durch den Raum oder aus dem Fenster	– Mangelnde Aufmerksamkeit oder Unsicherheit – bei gut aussehenden Bewerberinnen durchaus auch Verlegenheit möglich
Kopf auf die Brust gesenkt, von unten nach oben schauend, Arme über der Brust verschränkt	– Misstrauen – schlechte Laune

Mangelnde Aufmerksamkeit – was können Sie tun?

Wenn der Personaler mehr zum Fenster hinausschaut als zu Ihnen, sich zwischendurch mit seinem Kollegen unterhält oder öfter auf die Uhr schaut, fehlt es ganz offensichtlich an Aufmerksamkeit. Vielleicht ist er auf dem Sprung zu einem wichtigen Termin und konnte das Vorstellungsgespräch einfach nicht mehr verlegen. Nun fröhlich weiterzureden wäre aber falsch. Sobald Sie nachlassende Aufmerksamkeit bemerken, sollten Sie zügig zum Schluss kommen. Denn es könnte sein, dass Sie zu langatmig waren oder vom Thema abgekommen sind. Natürlich stellen Sie nicht die Frage: „Langweile ich Sie etwa?“

Kommen Sie schnell zum Schluss

EXPERTEN-TIPP !

Keine Detailverliebtheit

Generell antworten Sie nie zu detailliert auf eine Frage. Wenn der Personaler dies wünscht, wird er nachfassen. Halten Sie sich nicht mit Dingen auf, die für die Stelle nicht relevant sind. Was Sie während Ihrer Ausbildungszeit in Ihrer Freizeit gemacht haben, interessiert ihn nicht.

Demonstrative Souveränität oder Coolness

Es gibt den Typ Personaler, der Ihre Bewerbungsunterlagen während des Gesprächs keines Blickes würdigt und ohne Papier und Stift auskommt. Er hat eine betont lässige Sitzhaltung und redet forsch drauflos nach dem Motto: „Ich halte nichts von Konventionen. Kommen wir gleich zur Sache!“ Dann schmettert er Ihnen eine Einstiegsfrage entgegen, mit der Sie nun gar nicht gerechnet haben.

EXPERTEN-TIPP !

Haltung bewahren

Bewahren Sie eine ruhige, souveräne Haltung. Achten Sie auf Ihre Mimik. Auch wenn Ihnen dieser Typ Personaler gar nicht behagt, lassen Sie sich Ihre Abneigung nicht anmerken. Passen Sie sich in Ihrer Körperhaltung nicht an das legere Verhalten des Personalers an. Schauen Sie sich auch nicht Hilfe suchend zu seinem Kollegen oder einem Vorgesetzten um. Hier will offenbar jemand zeigen, dass er wichtig ist und Sie in der Hand hat. Lassen Sie ihm die Illusion.

Unsicherheit

Nicht alle Personaler sind selbstsicher

Entgegen der weit verbreiteten Meinung, dass Personaler immer selbstsicher sind: Es gibt auch unsichere. Ihnen fällt es schwer, Augenkontakt zu halten. Um Sie nicht anschauen zu müssen, nesteln sie an ihrem Anzug herum oder streichen sich verlegen durchs Haar. Sie stellen Ihnen Fragen und schauen dabei aus dem Fenster hinaus. Ihre Körperhaltung wirkt gehemmt und verschlossen.

EXPERTEN-TIPP

Sie können für eine entspannte Atmosphäre sorgen

Tun Sie so, als würden Sie die Unsicherheit nicht bemerken. Wenn Ihr Gegenüber den Augenkontakt nicht aushalten kann, sehen Sie ihn nicht permanent an, lassen Sie den Blick auch einmal durchs Zimmer schweifen. Lächeln Sie freundlich, das lockert die Stimmung auf.

Skepsis

Wenn Ihnen Misstrauen begegnet

Der Personaler schaut Sie skeptisch, vielleicht sogar misstrauisch an. Hatten Sie diesen Eindruck bereits in der Begrüßungssituation oder erst nachdem Sie etwas Bestimmtes gesagt oder getan haben?

EXPERTEN-TIPP

Begegnen Sie der Skepsis mit Offenheit

Wenn Ihnen ein Personaler von vornherein mit skeptischen Blicken begegnet, können Sie nicht viel tun. Wer weiß, vielleicht sieht er immer ein wenig skeptisch aus. Vielleicht hat er Sie sich anders vorgestellt. Wichtig ist, dass Sie jetzt nicht in das Gespräch mit dem Gefühl gehen, nur verlieren zu können. Bleiben Sie souverän und ganz Sie selbst. Es kann gut sein, dass sich Ihr schlechtes Gefühl ihm gegenüber auflöst. Begegnen Ihnen skeptische Blicke, während Sie reden, können Sie dies ruhig ansprechen, allerdings freundlich verpackt: „Ich habe das Gefühl, dass meine Antwort nicht ganz Ihre Frage trifft, oder irre ich mich?" Der Personaler wird sich dazu äußern. Sie haben nun die Chance herauszuhören, was ihn zum Stirnrunzeln veranlasst hat.

Wenn der Personaler verärgert ist

Versteinert die Miene des Personalers zusehends? Schlägt er plötzlich einen scharfen Ton an? Zeigt er keinerlei Signale der Zustimmung mehr wie gelegentliches Kopfnicken oder Lächeln? Wirft er dem Kollegen vielsagende Blicke zu? Unterbricht er Sie barsch? Schlägt er demonstrativ Ihre Bewerbungsmappe zu? Wenn Sie solche Verhaltensweisen bemerken, haben Sie mit ziemlicher Sicherheit vorangegangene Warnsignale nicht wahrgenommen.

Was Interviewer verärgert

Ursache für die Verärgerung eines Personalers kann sein, dass Sie

- reden wie ein Wasserfall,
- mundfaul sind und sich alles aus der Nase ziehen lassen,
- überheblich wirken („Über Führungsqualitäten muss man mir nichts erzählen, wo ich doch ..."),
- die Kompetenz des Personalers anzweifeln („An Ihren Fragen merke ich, dass Sie von meinem Job nicht viel verstehen."),
- sich in Widersprüche verwickelt haben,
- ständig vom Thema abkommen,
- nicht wirklich an der Stelle und der Firma interessiert sind („Ich bin eben auf Stellensuche ...")
- vorwurfsvoll sind („Wenn Sie meine Zeugnisse gelesen hätten, wüssten Sie, dass ich kompetent bin."),

- Floskeln verbreiten („Wer erfolgreich sein will, muss durchsetzungsstark sein."),
- sich als Schwarzseher geoutet haben („Die Globalisierung wird uns nur Probleme bescheren.").

EXPERTEN-TIPP

Beugen Sie vor

Achten Sie darauf, dass Ihnen die genannten Fehler nicht unterlaufen. Wenn Sie nämlich erst einmal den Interviewer verärgert haben, ist es zu spät!

Entdecken Sie das Motiv hinter einer Frage

Was will der Interviewer wirklich wissen?

Bei der Beantwortung von Personalerfragen besteht die Herausforderung darin, die Absichten und Motive hinter einer Frage zu erkennen. Was damit gemeint ist, zeigt das folgende Beispiel.

PRAXIS-BEISPIEL

Vorsicht Falle I

Helena B. ist seit vielen Jahren Freiberuflerin. Jetzt möchte sie als fest Angestellte arbeiten.

Personalchef:	„Sie sind ein sehr eigenständig arbeitender Mensch, der Aufgaben am liebsten auf seine Weise erledigt, oder?"
Helena B.:	„Oh ja, das muss man ja nun als Freiberuflerin auch. Ich bin der Typ, der sich nicht sagen lassen muss, was er zu tun hat. Ich weiß schon, worauf es ankommt."

Helena B. hätte hier etwas vorsichtiger antworten müssen. Das Motiv hinter der Frage des Personaler ist folgendes: Er will wissen, ob sich die Freiberuflerin, die selbstbestimmtes und eigenverantwortliches Arbeiten gewohnt ist, einem Vorgesetzten unterordnen kann. Diese Frage hätte sie voraussehen können, wenn sie sich des Widerspruchs, der sich zwischen ihrer Freiberuflichkeit und dem Wunsch nach einer Anstellung auftut, klar gewesen wäre. So wäre die Antwort besser ausgefallen:

PRAXIS-BEISPIEL

Vorsicht Falle II

Helena B.: „Sie können sich vorstellen, dass ich als Freiberuflerin beides sehr gerne tue. Meine Kunden haben ja oft sehr genaue Vorstellungen davon, wie ein Auftrag erledigt werden soll. Es macht mir Spaß, Vorgaben bestmöglich umzusetzen. Aber ich bin natürlich auch der Typ, dem man nicht jeden Arbeitsschritt vorkauen muss. Wenn ich weiß, was man von mir erwartet, arbeite ich Aufgaben eigenständig und verantwortungsvoll ab."

Einfühlungsvermögen ist gefragt

Um die Motive hinter einer Frage zu erkennen, müssen Sie Ihr Einfühlungsvermögen einsetzen. Welche Punkte in Ihrem Lebenslauf könnten dem Personaler negativ auffallen? Wo sieht er Brüche, die geklärt werden müssen?

In der folgenden Tabelle finden Sie einige weitere Beispielfragen und welche Motive des Personalers dahinterstehen könnten.

Was steckt hinter der Frage?	
Frage	Mögliches Motiv
„Sie sind seit acht Monaten arbeitslos. Warum so lange?"	Wir wollen wissen, ob es an Ihnen liegt oder an anderen Gründen.

Was steckt hinter der Frage?	
„Verlieren Sie in Stressphasen leicht den Überblick?"	In unserer Firma stehen die Mitarbeiter oft unter Stress. Wir suchen einen Bewerber, der nicht die Nerven verliert, wenn es heiß hergeht.
„Was würden Sie tun, wenn Sie ein Kunde zur Schnecke macht?"	Unsere Kunden sind nicht gerade einfach. Wir wollen sicher sein, dass Sie sie trotzdem zuvorkommend behandeln.
„Haben Sie schon einmal mit einem sehr kreativen Vorgesetzten zusammengearbeitet?"	Der Umgang mit Ihrem zukünftigen Chef wird nicht immer einfach sein. Er ist kreativ, aber leider auch chaotisch.
„Warum haben Sie Ihr Studium nach vier Semestern abgebrochen?"	Wir möchten uns versichern, dass Sie keine Mitarbeiterin sind, der es an Durchhaltevermögen mangelt.

Zeigen Sie Personalchefs Ihre Anerkennung

Personaler sind auch nur Menschen. Sie wollen von ihren Mitmenschen angenommen und gemocht werden. Ich rate daher allen meinen Klientinnen vor einem Vorstellungsgespräch, sich zu überlegen, auf welche Weise sie ihrem Gegenüber signalisieren können: „Ich finde Sie und das, was Sie tun, gut." Dieses Signal wird nicht ohne Wirkung bleiben. Wichtig ist, dass es zum rechten Zeitpunkt gesendet wird. Andernfalls wirkt es aufgesetzt und damit unglaubwürdig.

Was Sie alles loben können

Eine Möglichkeit besteht darin, die Arbeit der Personalabteilung zu loben:

- das freundliche Gespräch im Vorfeld des Vorstellungsgesprächs,
- die vielen Angebote zur Förderung und Entwicklung der Mitarbeiter,
- die ausgezeichnete Unterstützung bei der Anreise,

- die gut formulierte Stellenanzeige, die Sie sofort angesprochen hat,
- falls Sie in die zweite Runde gekommen sind: der zügige Bescheid.

Wenn Vertreter der Fachabteilung anwesend sind, erreichen Sie mit Lob große Wirkung. Hier können Sie nämlich auch gleich mit Fachwissen glänzen. Zeigen Sie sich zum Beispiel beeindruckt von:

- den neuesten Produktentwicklungen,
- den fortschrittlichen Fertigungsverfahren,
- dem besonderen Engagement auf bestimmten Gebieten,
- Veranstaltungen, bei denen Sie die Arbeit des Unternehmens bereits kennenlernen konnten,
- führenden Köpfen der Firma, deren Arbeit Sie quasi „aus der Ferne" schon länger beobachten.

Kleines Lob – große Wirkung

Ein schönes Lob zur rechten Zeit und Sie werden Ihren Gesprächspartner für sich gewinnen. Probieren Sie es aus!

PRAXIS-BEISPIEL

Durch Lob punkten

Michaela N. stellte sich als Online-Redakteurin bei einer Fachzeitschrift vor. Ihre zukünftige Aufgabe sollte darin bestehen, den Internetauftritt zu überarbeiten und zu pflegen. „Ihr bisheriger Auftritt ist in vielen Punkten schon sehr gelungen", sagte sie zum Chefredakteur. Dann zählte sie auf, welche Dinge ihr gefielen und wo sie noch Optimierungsbedarf sah. Der Chefredakteur, der bis dahin etwas kühl gewirkt hatte, taute auf und war für den Rest des Gesprächs bester Laune.

Typische Fragen und gute Antworten

Es gibt Fragen, die fast alle Interviewer stellen und auf die Männer und Frauen gleichermaßen gefasst sein müssen. Ich habe die Fragen nach Themen sortiert: Was will man in der Begrüßungssituation von Ihnen wissen? Welche Fragen stellen Personalverantwortliche zu Ihrem Werdegang und dem Grund Ihrer Bewerbung? Wie werden wesentliche Persönlichkeitsmerkmale, Ihre Lebenssituation und Ihr soziales Umfeld erfasst? Wie prüfen Personaler, ob Sie über die erforderlichen Kompetenzen und Berufserfahrungen verfügen? Danach wenden wir uns den häufigsten raffinierten Fragen zu. Wie schon gesagt: Welche und wie viele davon gestellt werden, hängt auch von Ihrem Verhalten ab. Wenn Sie dieses Kapitel gelesen haben, dürften Sie sich schon ein gutes Stück sicherer fühlen.

Die Begrüßungssituation

Der erste Eindruck muss stimmen

Was kann man schon am Anfang des Vorstellungsgesprächs falsch machen, denken Sie vielleicht. Eine ganze Menge. Der erste Eindruck muss stimmen, denn eine zweite Chance werden Sie nicht bekommen. Schauen wir uns genauer an, unter welchen Bedingungen Sie dem Personaler begegnen, worauf Sie dabei achten sollten und welche typischen Fragen in den ersten Minuten des Vorstellungsgesprächs auf Sie zukommen.

Der Moment des Aufeinandertreffens

Vielleicht hat Sie eine Sekretärin oder Mitarbeiterin gebeten, in einem Besprechungszimmer auf den Personalchef zu warten, und Ihnen bereits einen Platz angeboten. Setzen Sie sich an die Längsseite des Tisches, nicht ans Kopfende (hier sitzen Chefs). Nehmen Sie eine angemessene Haltung ein, denn jeden Augenblick kann der Personaler eintreten. Es wäre peinlich, wenn Sie dann gerade Ihren Rock richten, die Wangen nachpudern oder ausgiebig gähnen.

Zeigen Sie gute Manieren

Sobald der Personalverantwortliche eingetreten ist, stehen Sie auf. Sie stürmen nicht auf ihn zu, sondern warten, bis er auf Sie zukommt und Ihnen die Hand reicht. Erwidern Sie die Begrüßung mit einem kräftigen Händedruck (aber nicht nach Nussknacker-Manier!). Nachdem er Ihnen einen „Guten Tag“ gewünscht und sich vorgestellt hat, stellen auch Sie sich vor, begleitet von einem freundliche Lächeln: „Marie Klaaßen, Guten Tag.“ Vielleicht hat der Personaler einen Kollegen oder Ihren späteren Vorgesetzten aus der Fachabteilung mitgebracht, den er Ihnen nun vorstellt. Merken Sie sich die Namen für das Gespräch („Wie Herr Meier ja schon sagte ...“). Es ist wichtig, auch später noch zu wissen, mit wem Sie es zu tun hatten. Nun wird man Sie bitten, sich wieder hinzusetzen, was Sie mit einem „Danke“ tun. Nun aufgepasst, die ersten Fragen werden an Sie gerichtet.

Haben Sie gut hergefunden?

Das haben Sie. Falls Sie sich vorher verfahren oder im Stockwerk geirrt haben, schweigen Sie darüber. Sie wollen nicht den Eindruck erwecken, dass Sie sich auf den Weg zum Unternehmen nicht sorgfältig vorbereitet haben. Selbst wenn Sie auf den Hinweg etwas sehr Witziges oder Kurioses erlebt haben, behalten Sie es lieber für sich. Man weiß nie, ob andere den Humor teilen. Zudem geht kostbare Zeit für Ihr Gespräch verloren.

Möchten Sie ablegen?

Ziehen Sie nicht zu viel aus!

Das hängt davon ab, wie Sie gekleidet sind. Wenn Sie nur einen Top oder einen ärmellosen Pulli und darüber einen Blazer tragen, behalten Sie den Blazer an, sonst sehen Sie ziemlich nackt aus. Mäntel, Jacken, dicke Schals und Handschuhe legen Sie ab. Lassen Sie sich als emanzipierte Frau ruhig aus dem Mantel helfen, wenn sich der Personaler dazu anschickt.

Wollen Sie etwas trinken?

Kein Alkohol!

Auch eine Standardfrage. Der Personaler wird Ihnen ein Getränk wie Tee, Kaffee, Saft oder Mineralwasser vorschlagen. Nehmen Sie diese freundliche Geste Sie an. Gemeinsam etwas zu trinken verbindet schon ein wenig und sorgt im wahrsten Sinne dafür, dass das Gespräch nicht zu trocken wird. Verzichten Sie auf besondere Wünsche („Einen japanischen Grüntee mit viel Kandis, bitte."). Wird Ihnen Alkohol angeboten, lehnen Sie ab, auch wenn das Vorstellungsgespräch nach Feierabend stattfindet. Sie wollen schließlich die Kontrolle über sich behalten.

War das Zimmer, das wir für Sie reserviert hatten, in Ordnung?

Vielleicht hat das Unternehmen für Sie ein Zimmer gebucht, weil Sie von weither angereist sind. Selbst wenn der Service schlecht war oder das Frühstücksei für Ihren Geschmack etwas weicher hätten sein können, beklagen Sie sich nicht. Das Unternehmen hat für Sie gezahlt, was erfreulich ist. Außerdem müssen Sie ja keinen Urlaub dort verbringen.

EXPERTEN-TIPP !

Halten Sie sich nicht auf Nebenschauplätzen auf

Es kann sein, dass ein Personaler in den ersten Minuten des Gesprächs etwas aus der Abteilung oder Firma erzählt („Entschuldigen Sie, dass Sie etwas länger warten mussten, mein Kollege ist gerade Vater geworden, da mussten wir natürlich alle gratulieren ..."). Nehmen Sie dies nicht zum Anlass, in das Thema einzusteigen, sondern gehen Sie nur sehr kurz darauf ein („Ja, das muss man bei einem so erfreulichen Ereignis."). Damit genug.

Kennen Sie unser Unternehmen schon ein bisschen?

Zeigen Sie, dass Sie gut informiert sind

Es ist möglich, dass diese Frage rein rhetorischer Art ist und gar keine Antwort von Ihnen erwartet wird, weil der Personaler sofort dazu übergeht, sein Unternehmen vorzustellen. Aber vielleicht hält er nach dieser Frage inne und schaut Sie erwartungsvoll an. Dann sind Sie dran. Jetzt müssen Sie zeigen, dass Sie sich gut über das Unternehmen, seine Produkte, seine Erfolge etc. informiert haben.

So reagieren Sie am besten

Sie haben sich im Rahmen der Vorbereitung für das Vorstellungsgespräch ja bereits ein Bild vom Unternehmen gemacht. Nennen Sie nun die wichtigsten Punkte in Kürze: Was verkauft das Unternehmen? Welches (positive!) Image hat es? Welche Strategien und Pläne gibt es für die Zukunft? Oft ist es auch gut, wenn man einen Mitarbeiter des Unternehmens kennt („Ich kenne Ihre Firma durch einen Freund, Herrn Schneider. Er arbeitet im Verkauf ...“).

Das Unternehmen wird Ihnen präsentiert

Auch wenn Sie schon viel über das Unternehmen wissen, wird es sich der Interviewer nicht nehmen lassen, sein Unternehmen und daran anschließend die zu besetzende Stelle vorzustellen. Der Vorteil dieser Unternehmenspräsentation ist, dass Sie Ihre recherchierten Informationen abrunden und gegebenenfalls die eine oder andere Annahme noch korrigieren können. Das ist wichtig, um alles, was Sie später sagen werden, auf die Erwartungen des Personalers abzustimmen. Aber die Unternehmenspräsentation ist noch aus anderen Gründen von Vorteil:

Aufmerksamkeit kommt an

- Nutzen Sie diese Gelegenheit, tief durchzuatmen und sich zu konzentrieren, bevor es richtig losgeht.

- Sammeln Sie die ersten Sympathiepunkte, indem Sie aktiv zuhören und durch Kopfnicken und ein gelegentliches „Ja." oder „Verstehe." Ihr Interesse an der Entwicklung und den Leistungen des Unternehmens demonstrieren.
- Nutzen Sie die Phase des Gesprächs, um den Personaler zu spiegeln, d. h. körpersprachliche Signale aufzunehmen und nachzuahmen. Das Spiegeln schafft ein Gefühl der Verbundenheit und des Gleichklangs. Beachten Sie aber, dass es nicht aufgesetzt oder eingeübt wirkt.

EXPERTEN-TIPP

Freuen Sie sich mit

Zeigt der Personaler Anzeichen von Stolz, während er über die erfolgreiche neue Produktreihe spricht, die gerade den Markt erobert, schenken Sie ihm anerkennende Blicke. Ist er begeistert vom Führungsstil der Vorgesetzten, lobt er die Kultur des Unternehmens, zeigen Sie ihm mit einem Lächeln, dass Sie sich ebenso darüber freuen. Aber bitte nicht übertreiben!

Fragen nach Ihrem Werdegang und dem Grund Ihrer Bewerbung

Jetzt dürfen Sie sich kurz präsentieren

Nun beginnt die Phase, in der Sie stärker zu Wort kommen. Der Personaler möchte wissen, welche Interessen und Neigungen Ihren Lebenslauf bestimmt haben und warum Sie sich für die Stelle interessieren. Sie haben die wichtigsten Stationen Ihres Werdegangs im Kopf. Sie kennen Ihre Gründe für den Wechsel. Sie haben Ihre Kernkompetenzen parat. Dann sind Sie bestens gerüstet.

Typische Frage: Möchten Sie sich kurz einmal vorstellen?

Dies ist eine beliebte Frage. Oft kommt sie auch als Aufforderung daher: „Erzählen Sie uns doch einmal etwas über sich." Da es eine offene Frage ist, gibt sie Ihnen die Chance, das Wichtigste über sich in einer Form zu präsentieren, die Sie sich vorher überlegt haben. Nutzen Sie diese Freiheit, aber hüten Sie sich davor, Ihre Lebensgeschichte auszubreiten.

Den Personaler interessiert,

- aus welcher sozialen Schicht und welchem Milieu Sie kommen,
- warum Sie sich für diese Ausbildung entschieden haben,
- welche beruflichen Interessen und Ziele Sie haben,
- ob Sie etwaige Lücken und Brüche in Ihrem Lebenslauf selbst ansprechen und erklären.

So gehen Sie vor

Kennen Sie die wichtigen Stationen Ihres Werdegangs?

Nehmen Sie sich in der Vorbereitung auf diese typische Frage Ihren Lebenslauf vor und fragen Sie sich: Wo ist der rote Faden? Welche Interessen, Begabungen und Ziele haben mich in den letzten Jahren angetrieben? Warum bin ich dort, wo ich jetzt stehe? Warum interessiert mich die Aufgabe in diesem Unternehmen? Notieren Sie sich dazu Stichpunkte auf einem Zettel. Legen Sie nun den Zettel beiseite und proben Sie eine kleine Selbstpräsentation, die nicht länger als drei Minuten dauert.

Als Berufsanfängerin, die erst ihre Ausbildung abgeschlossen hat, können Sie natürlich noch nicht mit Berufserfahrung aufwarten. Also steigen Sie weiter vorne im Lebenslauf ein, wie das folgende Beispiel zeigt.

PRAXIS-BEISPIEL

Elternhaus – Ausbildung – Praktikum

Milena T. ist frisch gebackene Agraringenieurin. Sie stellt sich bei einem Verlag, der landwirtschaftliche Medien herausbringt, für ein Volontariat vor. „Erzählen Sie etwas über sich und warum Sie die Stelle interessiert", bittet sie der Personaler.

„Ich stamme aus einer Familie von Landwirten. Meine Eltern führen einen Hof und hatten sich vorgestellt, dass ich ihn übernehme. Während meines Agrar-Studiums stellte ich aber fest, dass ich mich nicht so sehr für die landwirtschaftliche Praxis interessiere. Als ich dann ein Praktikum bei einem kleinen Verlag für landwirtschaftliche Informationen machte, war mir klar, dass meine Zukunft in einem Fachverlag liegt. Vor allem die Lektoratsarbeit machte mir Spaß. Die zuständige Lektorin, der ich zuarbeitete, bestärkte mich in meinen Plänen, weil sie sah, dass ich die Arbeiten mit Freude und großer Zuverlässigkeit erledigte. Das von Ihnen angebotene Volontariat würde mir nun die Chance geben, eine solide Ausbildung im Bereich Lektorat bei einem führenden Verlag zu erhalten und darüber hinaus weitere Abteilungen kennen zu lernen. Da ich sowohl über das erforderliche fachliches Wissen im Bereich Pflanzenbau als auch erste Lektoratserfahrung verfüge, wäre die Stelle ideal für mich."

Berichten Sie von Ihrer beruflichen Entwicklung

Die berufserfahrene Bewerberin hingegen geht nicht mehr auf ihre Ausbildung und ihr Studium ein, sondern beginnt bei ihrer Vorstellung danach. Dabei können berufliche Stationen mit ähnlichen Aufgabengebieten zusammengefasst werden. Wichtig ist, dass Ihre Entwicklung deutlich wird. Berichten Sie also über besondere Projekte und Verantwortungsbereiche, das Hineinwachsen in besondere Aufgaben, Arbeiten für renommierte Auftraggeber und so weiter.

PRAXIS-BEISPIEL

Erste Berufserfahrung – weitere Etappen

Sabine M. ist Versorgungsingenieurin. Sie hat sich bei einem Ingenieurbüro beworben, das eine entsprechend qualifizierte Mitarbeiterin mit besonderen Stärken in der Kundenberatung sucht. Der Personaler bittet Sabine M., ihren Werdegang zu schildern und den Grund ihrer Bewerbung zu nennen.

„Nach meinem Studium habe ich in einem großen Ingenieurbüro bei Frankfurt gearbeitet. Hier war ich für die komplette Montage- und Ausführungsplanung in den Bereichen Heizung und Sanitär zuständig. Als mein Mann eine Stelle in Hamburg bekam, zog ich bald nach. Das erklärt, warum ich beim Ingenieurbüro Schmidt & Partner nur ein Jahr beschäftigt war. Zum Glück hatte ich in Hamburg recht schnell eine Stelle gefunden, die ganz zu meinem Profil und meinen bisherigen Erfahrungen passte. Hier arbeite ich nun seit knapp drei Jahren. Neben der Montage- und Ausführungsplanung bin ich für die Angebotserstellung und die Genehmigung der Pläne zuständig. Als ich nun Ihr Stellenangebot entdeckte, fühlte ich mich sofort angesprochen. Seit längerem wünsche ich mir mehr Kontakt zu den Kunden. Mir liegt es nämlich, ihre individuellen Wünsche zu erkennen und kompetent Einfluss zu nehmen."

Typische Frage: Warum haben Sie sich für diesen Beruf entschieden?

Zeigen Sie, dass Sie sich aufgrund bestimmter Talente und Neigungen dazu entschlossen haben, gerade diesen Beruf zu wählen. Auf keinen Fall dürfen Sie den Eindruck erwecken, als sei Ihre Entscheidung eher zufällig zustande gekommen: „Mein Vater übte diesen Beruf aus und wollte, dass ich in seine Fußstapfen trete." oder „Ich wusste nicht recht, was ich sonst werden sollte." Das klingt nicht gerade so, als wäre Ihr Beruf auch Berufung.

So gehen Sie vor

Wie wurden Sie, was Sie heute sind?

Überlegen Sie, welche Begabungen Sie haben und warum dieser Beruf so gut zu Ihnen passt. Gab es Lehrer, Professoren, Mentoren, die Sie in Ihrem Berufswunsch bestärkt haben? Hatten Sie früh Erfolge in einem bestimmten Bereich, die Sie bewogen haben, einen entsprechenden Weg einzuschlagen?

EXPERTEN-TIPP

Mögliche Antworten

- „Das Talent für xy habe ich schon in meiner Jugend entdeckt ..."
- „Das Interesse an xy liegt bei uns in der Familie. Mein Vater hat ..."
- „Ich besuchte einmal eine Informationsveranstaltung, die über diesen Beruf informierte. Was ich dort hörte, hat mich sehr fasziniert ..."

Typische Frage: Welche Aufgaben fallen denn in Ihrem Arbeitsalltag gewöhnlich an?

Es geht darum, glaubhaft zu machen, dass Sie

- mit Aufgaben betraut sind, die einen Bezug zu denen am neuen Arbeitsplatz haben,
- vielseitig sind und unterschiedliche Aufgaben gut bewätigen,
- ausgezeichnet organisiert sind,
- selbst unter Stress die Nerven behalten,
- mit Chefs, Kollegen und Kunden bestens auskommen,
- Ihre Arbeit geschätzt wird.

So gehen Sie vor

Stellen Sie einen abwechslungsreichen Arbeitstag vor, in dem möglichst Tätigkeiten vorkommen beziehungsweise Kompetenzen unter Beweis gestellt werden, die für die ausgeschriebene Stelle relevant sind.

Typische Frage: Was machen Sie am liebsten in Ihrem Job, was nicht so gerne?

Was liegt Ihnen, was nicht?

Der Personaler möchte heraushören, welche Aufgaben Ihnen leicht von der Hand gehen und mit welchen Sie sich schwer tun. Es wäre falsch, nun zu sagen, dass Ihnen alles Spaß macht. Das gibt es nicht und wird auch gar nicht von Ihnen erwartet. Ihr Interviewpartner wird abgleichen, ob die von Ihnen bevorzugten Tätigkeiten und die Aufgaben der neuen Stelle zusammenpassen. Eine Bankkauffrau, die Bausparverträge verkaufen soll, darf keine Scheu vor der Kundenakquise haben.

So gehen Sie vor

Finden Sie unverfängliche Antworten

Rufen Sie sich zunächst die gestellten Anforderungen für die neue Stelle ins Gedächtnis und überlegen Sie dann, ob Ihre „Lieblingstätigkeiten" dazu passen. Wenn es darum geht, die ungeliebten Tätigkeiten zu benennen, heißt es aufpassen. Sie könnten solche nennen, von denen Sie ganz sicher wissen, dass Sie für die neue Stelle keine Rolle spielen. Möglich sind auch „neutrale" Antworten wie diese: „Ich muss manchmal an Besprechungen teilnehmen, die sehr viel Zeit in Anspruch nehmen. Das macht mir nicht gerade viel Freude."

PRAXIS-BEISPIEL

Ungeschickte Antwort

Evelyn S. hatte auf die Frage „Was macht Ihnen keinen Spaß bei Ihrer Arbeit?" geantwortet: „Wenn ich Aufgaben abgeben muss, weil ich es zeitlich nicht schaffe. Ich erledige alles am liebsten selbst, weil ich weiß, dass das Ergebnis dann auch stimmt." Das war keine geschickte Antwort, denn in der neuen Stelle sollte sie erstmals Führungsaufgaben übernehmen.

Typische Frage: Warum wollen Sie eigentlich die Stelle wechseln?

Reden Sie nicht über Probleme

Diese Frage hatten wir auf den Seiten 38ff. bereits behandelt. Sie ist eine der wichtigsten Fragen überhaupt in einem Vorstellungsgespräch.

Zugespitzt formuliert: Was ist so unangenehm in Ihrer aktuellen beruflichen Situation, dass Sie sich auf die Suche nach einem neuen Arbeitsplatz machen? Probleme mit dem Chef, Krisen, zu wenig Geld – das sind Gründe, die vielleicht zutreffen, die Sie aber nicht anführen können. Die Insolvenz oder Schließung des Unternehmens dürfen Sie jedoch nennen, das Schicksal der Firma liegt schließlich nicht in Ihrer Hand. Aber auch hier gilt: Sie freuen sich auf neue Herausforderungen und Aufgaben, bei denen Sie Ihre Fähigkeiten voll entfalten können.

So gehen Sie vor

Überlegen Sie: Wie verpacken Sie Ihren Grund für den Stellenwechsel überzeugend? Was interessiert Sie an der neuen Aufgabe und dem neuen Unternehmen?

Typische Frage: Können Sie sich in Ihrem Unternehmen nicht weiterentwickeln?

Man will wissen, welche Gründe für den Arbeitsplatzwechsel verantwortlich sind. Haben Sie tatsächlich keine Möglichkeit zur Weiterentwicklung oder zum Aufstieg oder sind Sie eher durchsetzungsschwach? Wer weiß, vielleicht suchen Sie gar nicht die große Herausforderung in einem neuen Unternehmen, sondern wollen einfach nur fliehen.

So gehen Sie vor

In der alten Firma kommen Sie nicht weiter

Überlegen Sie sich Gründe, die nicht negativ ausgelegt werden können. Vielleicht ist die Firma so klein, dass es dort einfach keine Aufstiegschancen gibt. Oder es mangelt in Ihrer Firma an Projekten, die Sie interessieren. Möglicherweise kommen bestimmte Fähigkeiten nicht zum Einsatz, die Sie gerne einmal unter Beweis stellen wollen.

Typische Frage: Was reizt Sie an der neuen Aufgabe?

Käuen Sie jetzt auf gar keinen Fall Sätze wieder, die Sie in der Stellenanzeige gelesen haben: „Mich reizt die Mitarbeit in einem international agierenden Unternehmen“ oder Ähnliches. Das wäre vollkommen unglaubwürdig.

So gehen Sie vor

Gehen Sie in Gedanken die Stellenanforderungen durch. Welche Aufgaben interessieren Sie? Aus welchen Gründen? Was ändert sich positiv mit der neuen Stelle? Was erhoffen Sie sich auf längere Sicht von ihr?

Typische Frage: Wie wichtig ist Ihnen Weiterbildung?

Sind Sie der lernhungrige Typ, der sich gerne weiterbildet? Oder ruhen Sie sich auf dem Wissen, das Sie einmal erworben haben, ganz gerne aus? Der Personaler wird wissen wollen, ob Sie ausschließlich Weiterbildungsangebote der Firma nutzen oder sich auch aus eigener Initiative fortbilden.

So gehen Sie vor

Sie investieren viel in Ihre Fortbildung

Wenn Sie in Ihrem Lebenslauf mit einer Liste von Weiterbildungsmaßnahmen aufwarten konnten, werden Sie bei dieser Frage gelassen sein können (es sei denn, diese Maßnahmen haben gar nichts mit Ihrem Job zu tun). Sie erklären, wie wichtig es Ihnen ist, Ihren Horizont zu erweitern und beruflich am Ball zu bleiben. Vielleicht können Sie sogar von sich behaupten, dass Sie regelmäßig Fachveranstaltungen besuchen und sich mit Experten austauschen. Sollte in Ihrem Lebenslauf unter dem Punkt Weiterbildung nur eine Maßnahme stehen, an die Sie sich kaum mehr erinnern können, wird es schwieriger. Eine mögliche Antwort: Sie bilden sich über Fachzeitschriften, E-Learning-Programme,

Fachbücher und das Internet weiter. Gut macht sich auch der Hinweis auf den Besuch von Messen oder Tagungen. Etwas „Namedropping“ ist ebenfalls nützlich: Lassen Sie den Namen bekannter Fachleute fallen, deren Vortrag Sie gerade gehört oder die Sie persönlich gesprochen haben. Bringen Sie Beispiele dafür, in welchen Bereichen Sie Ihr Wissen gerade auf den neuesten Stand gebracht haben. Neue technische Verfahren, aktuelle Trends oder in der Branche heiß diskutierte Themen – all das können Aufhänger für ein Gespräch zum Thema Weiterbildung sein.

Sind Sie gut auf Fragen zu Ihrem Werdegang und zum Grund Ihres Stellenwechsels vorbereitet? Überprüfen Sie das noch einmal anhand der folgenden Checkliste.

CHECKLISTE ✓

Sind Sie gut auf Fragen zu Ihrem Werdegang und zum Grund des Stellenwechsels vorbereitet?	ja	nein
Sind Sie Ihren Lebenslauf durchgegangen und haben Sie den roten Faden für sich herausgearbeitet?	✓	
Kennen Sie Ihre Interessen, Begabungen?		
Können Sie in knappen Worten Ihren beruflichen Alltag beschreiben?		
Wissen Sie, welche Tätigkeiten Sie gerne erledigen und welche nicht?		
Haben Sie sich eine schlüssige Argumentation für den Stellenwechsel überlegt?		
Bestehen in Ihrer jetzigen Position tatsächlich keine Chancen zur Weiterentwicklung?		
Haben Sie sich überlegt, welche Perspektive Sie sich von der neuen Stelle versprechen?		
Bilden Sie sich gerne aus eigener Initiative weiter?		

Fragen zu Ihrer Person

In einem Vorstellungsgespräch geht es um weit mehr als die Prüfung fachlicher Kenntnisse und Berufserfahrungen. Der Interviewer möchte sich auch ein Bild von Ihrer Persönlichkeit machen. Meist kreisen die Fragen um folgende Themen:

- Selbsteinschätzung
- Ziele
- Hobbys/Freizeitgestaltung
- Umgang mit anderen Menschen
- Problemlösungskomptenz
- Lernwille
- Kritikfähigkeit
- Entscheidungskraft
- Umgang mit Misserfolgen
- Körperliche und psychische Gesundheit

Typische Frage: Wie würden Sie sich charakterisieren?

Man möchte Ihre hervorstechenden Eigenschaften kennenlernen und wissen, wie Sie sich selbst beurteilen. Die Frage ist so offen formuliert, dass Sie auf negative Seiten erst einmal nicht eingehen müssen. Allerdings wird der Personaler sicher noch darauf zu sprechen kommen.

So gehen Sie vor

Beschreiben Sie sich mit wenigen Worten

Machen Sie es so wie ich, wenn ich einen Eindruck von den charakteristischen Eigenschaften meiner Klientinnen gewinnen möchte: Ich bitte sie, mir diese in Form von Adjektiven zu nennen. Das Ergebnis lautet dann beispielsweise so: „Ich bin pragmatisch, anpackend, zuverlässig, schnell." Achten Sie nicht nur darauf, dass die Adjektive positiv sind, sondern auch Rückschlüsse auf Ihre beruflichen Kompetenzen erlauben. Ein Satz wie „Ich bin treu, romantisch und anspruchsvoll." kommt also nicht infrage.

Typische Frage: Welche Eigenschaften schätzt Ihr Vorgesetzter an Ihnen am meisten?

Hier sollten Sie nicht ins Grübeln kommen, sonst dürfte der Personaler zu recht misstrauisch werden. Das Urteil einer außen stehenden Person, in diesem Fall Ihres Chefs, interessiert ihn. Tun Sie nicht so, als ob er alles an Ihnen liebt.

So gehen Sie vor

Wofür werden Sie gelobt?

Greifen Sie sich zwei beliebte Eigenschaften heraus. Beschreiben Sie anhand von Beispielen aus dem Arbeitsalltag, warum Ihr Chef so begeistert davon ist. Zu solchen Eigenschaften zählen zum Beispiel Organisationstalent, diplomatisches Geschick, Schnelligkeit, Pünktlichkeit oder Ordnungssinn.

Typische Frage: Welche Ziele haben Sie in Ihrem Leben?

Zeigen Sie sich zielstrebig

Bewerber, die sich im Leben treiben lassen und die Dinge gerne dem Zufall überlassen, werden im Vorstellungsgespräch nicht überzeugen können. Der Personaler erwartet eine gewisse Zielstrebigkeit in privaten und beruflichen Dingen.

So gehen Sie vor

Überlegen Sie, welche Ziele Sie beruflich haben. Was möchten Sie wann erreicht haben? Wenn Sie nicht zu den Menschen gehören, die vorausplanen oder an eine Karriere denken, können Sie auch in diese Richtung antworten: „Ich wünsche mir für die Zukunft weiterhin interessante Aufgaben, an denen ich wachsen kann."

Anschließend nehmen Sie sich die privaten Ziele vor. Als Frau müssen Sie dabei aufpassen. Wenn Sie als 25jährige Bewerberin davon sprechen, dass Sie irgendwann eine Familie gründen wollen, werden Personalverantwortliche hellhörig. Es ist also ratsam, wenn Sie lieber davon sprechen, dass Sie Ihren netten Freundeskreis pflegen wollen, alles zur Erhaltung Ihrer Gesundheit tun werden oder später einmal mehr Zeit für Ihr Hobby haben möchten.

Typische Frage: Was machen Sie denn so in Ihrer Freizeit?

Das Unternehmen hat ein Interesse daran, dass Sie sich in Ihrer Freizeit erholen. Insofern wäre es ganz falsch zu sagen: „Freizeit? Ich lebe ganz für die Arbeit." Sie dürfen also mit gutem Gewissen – aber nicht zu ausführlich – über Ihre Hobbys reden. Überlegen Sie aber gut, welche Sie nennen wollen. Freizeitaktivitäten, die mit einem hohen Unfallrisiko verbunden sind, kommen nicht gut an. Dazu zählen zum Beispiel Fallschirmspringen oder Bungee-Jumping.

Natürlich sind Sie sportlich

Noch ein Wort zum Sport: Es wird heute von jedermann erwartet, dass er Sport treibt. Was aber tun, wenn Sie Sport nicht interessiert? Dann behaupten Sie natürlich nicht, dass Sie regelmäßig mit dem Mountain Bike unterwegs sind. Sie müssen damit rechnen, dass Nachfragen gestellt werden. Sagen Sie lieber, dass Sie die sanften Bewegungsarten bevorzugen wie Rad fahren, Wandern oder Spazierengehen. Hauptsache der Personaler gewinnt den Eindruck, dass Sie etwas für Ihre Gesundheit tun.

Bedenken Sie auch, dass Ihr Hobby Rückschlüsse auf Ihre berufliche Motivation zulässt. Wenn Sie erkennen lassen, dass Sie jede freie Minute für Ihr Hobby leben, könnte man das so auslegen, dass Ihnen Ihre künftige Arbeit nicht so wichtig ist.

So gehen Sie vor

Suchen Sie sich Hobbys heraus, die ungefährlich sind. Wenn Sie etwas Außergewöhnliches machen, können Sie dies durchaus sagen. Exotische Freizeitaktivitäten machen bei vielen Personalern Eindruck und sorgen dafür, das sie sich auch später noch gut an eine Kandidatin erinnern: „Das war doch diese Bewerberin, die in ihrer Freizeit japanische Edelfische züchtet.“ Übrigens kommen bei Personalern auch asiatische Meditationstechniken zur Harmonisierung von Körper und Geist gut an.

Exotisches macht Sie interessant

Typische Frage: Welche Eigenschaften schätzen Sie an Kollegen und welche nicht?

Aus Ihrer Antwort lässt sich ablesen, wo Sie Ihre empfindlichen Stellen im Umgang mit anderen Menschen haben.

So gehen Sie vor

Diese Frage ist nicht so schwer zu beantworten. Sie schätzen natürlich positive Eigenschaften wie zum Beispiel Fairness, Rücksicht, Zuverlässigkeit, Pünktlichkeit, Hilfsbereitschaft. Vielleicht können Sie sogar von einem Kollegen berichten, der Sie in dieser Hinsicht beeindruckt. Nennen Sie nur ein oder zwei negative Eigenschaften, hier allerdings eher unverfängliche, zum Beispiel Unpünktlichkeit bei Besprechungen oder mangelnder Ordnungssinn bei der Ablage.

Sie mögen Fairness und Zuverlässigkeit

Typische Frage: Wie gehen Sie mit Problemen um?

Sind Sie der Typ, der vor Problemen davonläuft oder sie löst? Die Frage gibt Aufschluss über Ihre Fähigkeit, Schwierigkeiten zu meistern.

So gehen Sie vor

Reden Sie über harmlose Probleme

Ganz sicher können Sie über viele Probleme aus Ihrem beruflichen Alltag berichten, die Sie lösen konnten. Bei dem Beispiel, das Sie im Bewerbungsgespräch vorstellen, sollten Sie besser nicht von einem Zwist zwischen Kollegen berichten – hier geraten Sie schnell auf unsicheres Terrain. Besser geeignet sind beispielsweise „harmlose" organisatorische Mängel in Betriebsabläufen. Erklären Sie, worin das Problem bestand und welche Schritte Sie eingeleitet haben, um es zu lösen. Es muss sich hier nicht um ein Problem größten Ausmaßes gehandelt haben. In dem Gespräch kommt es letztlich nur darauf an, dass Sie das Problem angegangen sind und in den Griff bekommen haben.

Typische Frage: Was tun Sie, wenn Sie kritisiert werden?

Den Personaler interessiert hier vor allem, wie Sie reagieren, wenn Sie ein Vorgesetzter, Kollege oder Kunde kritisiert. Leugnen Sie Fehler, neigen Sie zu aggressivem Verhalten oder betrachten Sie Kritik als Chance, sich zu verbessern?

So gehen Sie vor

Sie gehen souverän mit Kritik um

Überlegen Sie sich eine Antwort in dieser Richtung: „Fehler machen wir alle ja manchmal. Ich würde ruhig bleiben und mir anhören, worin die Kritik besteht. Ich gebe Fehler – falls ich diese gemacht habe – selbstverständlich zu. Sollten Missverständnisse die Ursache sein, kläre ich diese sachlich auf. Ich bemühe mich, den Fehler in Zukunft nicht mehr zu machen."

Typische Frage: Wie treffen Sie Entscheidungen?

Das ist eine Frage, die insbesondere Bewerber trifft, die Führungsverantwortung tragen werden. Zögerer und Zauderer möchte man sich natürlich ebenso wenig ins Haus holen wie unüberlegte Draufgänger.

So gehen Sie vor

Sie entscheiden gern, aber immer überlegt

Ihre Antwort muss zum Ausdruck bringen, dass Sie ein entscheidungsfreudiger Mensch sind. Ihre Entschlüsse treffen Sie allerdings nicht aus dem Bauch heraus, sondern wohlüberlegt. Sie holen die Meinung interner und gegebenenfalls externer Experten ein und treffen dann unter Abwägung der Vor- und Nachteile Ihre Entscheidung.

Typische Frage: Wie gehen Sie mit Misserfolg um?

Keine Misserfolge zu kennen wäre die falsche Antwort. Der Personaler möchte wissen, ob Sie Negatives verkraften oder die Schuld dafür vielleicht auf andere abwälzen.

So gehen Sie vor

Gehen Sie bei diesem Thema nicht in die Tiefe

Bleiben Sie erst einmal an der Oberfläche. Erklären Sie, dass man im Beruf nicht immer nur Erfolg haben kann, sich aber von Misserfolgen nicht lähmen lassen darf. Sie sind der Typ, der immer wieder aufsteht. Wenn der Personaler nicht lockerlässt und Sie bittet, Ihren größten Misserfolg zu nennen, sprechen Sie über einen kleinen.

Wie gut sind Sie auf Fragen zu Ihrer Person vorbereitet? Gehen Sie die folgende Checkliste durch. Wenn Sie eine der Fragen mit „Nein“ beantwortet haben, erarbeiten Sie dazu Antworten. Sicher hilft es Ihnen, wenn Sie sich anschließend zu den einzelnen Aspekten Stichwörter notieren.

CHECKLISTE

Fragen zu Ihrer Person	ja	nein
Können Sie sich mit wenigen, positiven Adjektiven charakterisieren?	✓	
Wissen Sie, welche Eigenschaften an Ihnen von anderen am meisten geschätzt werden?		
Verfolgen Sie ein bestimmtes berufliches Ziel?		
Haben Sie interessante (ungefährliche) Hobbys?		
Können Sie positive beziehungsweise negative Eigenschaften Ihrer Kollegen benennen?		
Können Sie mit Problemen souverän umgehen?		
Sind Sie kritikfähig?		
Treffen Sie gern Entscheidungen?		
Können Sie mit Misserfolg umgehen?		

Fragen zu Kompetenz und Berufserfahrung

Kommen wir zu den Fragen, mit denen Ihre Qualifikation und Berufserfahrung geprüft werden. Der Personaler will sich davon überzeugen, dass Sie die gestellten Anforderungen tatsächlich erfüllen können.

So verkaufen Sie sich als Berufsanfängerin

Berufsstarter sind attraktiv

Als Anfängerin müssen Sie natürlich auf einem anderen Register spielen als die Bewerberin mit der mehrjährigen Berufserfahrung. Sie können weder mit großen Erfolgen noch besonderen Kontakten aufwarten. Was Sie vorzuweisen haben, ist – hoffentlich – eine gute Ausbildung und erste

Erfahrung in Form eines Praktikums oder Volontariats. Was außerdem für Sie spricht: Jugend und Formbarkeit (das Unternehmen kann Ihre Fähigkeiten seinen Vorstellungen und Bedürfnissen entsprechend weiterentwickeln), Unabhängigkeit (Sie haben noch keine Kinder), Energie (Sie haben Lust zu arbeiten), Lernbegierde (es gibt vieles, was Sie noch nicht wissen, aber sich unbedingt aneignen wollen) und ein guter Preis (Sie kosten weniger als die erfahrene Kraft). Verkaufen Sie sich als junge Frau mit Biss, die es gar nicht abwarten kann, sich zu beweisen.

Berufserfahrene haben es nicht leichter

Bewerberinnen mit Berufserfahrung sollten es einfacher haben, könnte man annehmen. Sie haben in verschiedenen Firmen ihre Fähigkeiten bereits unter Beweis gestellt. Sie können auf kleine oder sogar große Erfolge verweisen. So leicht ist es aber auch für sie nicht.

Problem 1: Alles ist selbstverständlich geworden

Bewerberinnen mit Berufserfahrung haben das Problem, dass ihnen ihr Arbeitsstil mit den Jahren zur Selbstverständlichkeit geworden ist. Sie können zwar gut formulieren, für welche Aufgaben sie zuständig sind, aber es fällt ihnen schwer, ihre individuelle Arbeitsweise zu beschreiben. Darüber hatten wir schon auf Seite 31ff. gesprochen.

Problem 2: Berufliche Stationen schrumpfen in der Erinnerung zusammen

Wie und was haben Sie früher gearbeitet?

Jemand, der seit vielen Jahren berufstätig ist und bei mehreren Firmen angestellt war, kann meist nicht mehr so genau sagen, welche Aufgaben er im Einzelnen erledigt hat. Auch Erfolge verblassen mit der Zeit. Lesen Sie deshalb Ihre alten Stellenbeschreibungen und Zeugnisse noch einmal gut durch und leisten Sie „Erinnerungsarbeit".

Problem 3: Frauen profilieren sich nicht gern

Verstecken Sie sich nicht hinter Zeugnissen

Viele Frauen denken, dass der Personaler ihre Fähigkeiten und Leistungen schon aus den Bewerbungsunterlagen herausgelesen hat. Genügt nicht der Blick auf die Zeugnisse, um Bescheid zu wissen? In Zeiten, in denen viele Bewerber ihre Arbeitszeugnisse selbst formulieren, wird er sich darauf nicht verlassen können. Hinzu kommt, dass sich nicht immer erkennen lässt, was dem Mitarbeiter besonders lag und was nicht. Abgesehen davon sind Zeugnisse nicht immer informativ. So ist es zum Beispiel einmal vorgekommen, dass ein Zeugnistext, den eine bekannte Hotelkette für ihre Mitarbeiterin verfasst hatte, von mir überarbeitet werden musste: Man war dort nicht in der Lage gewesen, die Verantwortungsbereiche der Mitarbeiterin verständlich zu beschreiben. Personaler sind keine Hellseher, auch wenn sie oft dafür gehalten werden. Deshalb müssen Bewerberinnen ihnen schon erklären, was sie besonders gut können.

Stellen Sie Ihre Leistungen sachlich und selbstbewusst dar

Gehen Sie Ihre beruflichen Stationen durch und versuchen Sie sich zu erinnern, worin Ihre Arbeitsqualität bestand. Auch die Qualität von Beziehungen ist wichtig: Warum kamen Sie gut mit Vorgesetzten, Kollegen, Geschäftspartnern, Lieferanten und Kunden klar? Erinnern Sie sich an Lob und Bestätigung? Haben Sie Probleme erfolgreich gelöst, Kundenbeziehungen verbessert, neue Zielgruppen für die Produkte des Unternehmens erschlossen, den Umsatz gesteigert?

Rechnen Sie damit, dass der Personaler Sie zu einzelnen Arbeitgebern befragen wird. „Woran kann man ablesen, dass Sie dort erfolgreich waren?" Halten Sie also Ihren Werdegang parat und sprechen Sie sachlich und selbstbewusst über Ihre Leistungen.

Typische Frage: Glauben Sie, dass Sie die fachlichen und persönlichen Stärken haben, um die neue Aufgabe zu bewältigen?

Man möchte sicherstellen, dass Sie wirklich alle Kompetenzen mitbringen, die für die neue Stelle erforderlich sind.

So gehen Sie vor

Machen Sie sich Ihre Fähigkeiten bewusst

Nehmen Sie ein Blatt Papier und legen Sie sich die Stellenanzeige daneben. Zeichnen Sie eine Tabelle auf das Blatt und schreiben Sie in die linke Spalte die einzelnen Anforderungen, sortiert nach fachlichen Kompetenzen und persönlichen Stärken. In der rechten Spalte tragen Sie nun ein, wie Sie diese Anforderungen im Einzelnen erfüllen. Sollten Sie Defizite auf einem bestimmten Gebiet haben, ist das kein Beinbruch. Argumentieren Sie in dieser Weise: „Im Bereich der französischen Korrespondenz muss mich noch verbessern. Einen entsprechenden Kurs habe ich schon gebucht."

Typische Frage: Eines Ihrer Zeugnisse fällt nicht so gut aus. Warum?

Dass Sie zum Vorstellungsgespräch geladen wurden, bedeutet, dass der Gesamteindruck Ihrer Bewerbungsunterlagen gut war. Aber die Gründe für den „Ausreißer" möchte der Personaler doch kennen. Hier ist Ehrlichkeit gefragt.

So gehen Sie vor

Erklären Sie die Rahmenbedingungen, die zu der schlechten Beurteilung geführt haben. Vielleicht hatten Sie noch nicht ausreichend Erfahrung auf einem speziellen Gebiet und wurden einfach ins kalte Wasser geworfen. Achten Sie bei Ihrer Antwort darauf, dass Sie Ihrem ehemaligen Vorgesetzten oder Kunden nicht die Schuld in die Schuhe schieben.

Lesen Sie zu diesem Thema den Abschnitt „Ihr Zeugnis ist kein Glanzstück“ ab Seite 63.

Typische Frage: Woran lässt sich erkennen, dass Sie bislang erfolgreich waren?

Sagen Sie klipp und klar, warum Sie für Ihre Arbeit geschätzt werden und warum Sie leistungsfähig sind.

So gehen Sie vor

Sammeln Sie Referenzen

Überlegen Sie, wann man in Ihrem speziellen Aufgabengebiet von einem Erfolg sprechen kann und welche Beispiele oder Fakten ihn belegen. Als Vertriebschefin sollten Sie Ihren Erfolg in Zahlen fassen können. Als Teamassistentin müssen Sie anders vorgehen. Sie könnten beispielsweise beschreiben, wie gut Sie mit den Vorgesetzten verschiedener Abteilungen zusammenarbeiten. Es kommt übrigens immer gut an, wenn Sie begeisterte Kunden oder Ihren zufriedenen Vorgesetzten anführen können. „Mein Chef vertraut mir große Projekte an, weil er einfach weiß, dass ich sie kostenbewusst umsetze und sehr gut mit den Leuten umgehen kann.“

Typische Frage: Wovon wird unser Unternehmen besonders profitieren, wenn wir Sie einstellen?

Diesmal geht es um Ihre hervorstechenden fachlichen und persönlichen Stärken. Was haben Sie zu bieten?

So gehen Sie vor

Erinnern Sie sich an den Abschnitt „Warum können Sie das Problem lösen?“ (S. 31f.), in dem es um die Formulierung Ihrer Kernkompetenzen und persönlichen Stärken ging? Jetzt ist der Zeitpunkt gekommen, Ihre Nutzenargumente loszuwerden!

Typische Frage: In einem Bereich haben Sie noch nicht viel Berufserfahrung. Wie wollen Sie dann die neuen Aufgaben meistern?

Da Sie dem Personalverantwortlichen immerhin schon gegenübersitzen, kann der hier beanstandete Mangel an Erfahrung nicht allzu schwer wiegen. Das sagen Sie natürlich nicht. Der Personaler möchte wissen, ob Ihnen das Defizit bewusst ist und wie Sie gedenken, es zu beseitigen.

So gehen Sie vor

Wissenslücken werden Sie schließen

Auf diese Frage waren Sie schon vorbereitet, weil Sie ebenfalls Weiterbildungsbedarf sehen. Natürlich haben Sie sich schon über geeignete Angebote informiert. Gerne führen Sie ein Gespräch mit der Fachabteilung, um ganz konkret zu erfahren, welche Kurse am besten geeignet sind. Selbstverständlich werden Sie auch die Abende oder die Wochenenden nutzen, um das erforderliche Wissen so schnell wie möglich zu erwerben.

Typische Frage: Wie würden Sie Ihr Arbeitstempo beschreiben?

Sie sollten zügig arbeiten und in der Lage sein, mehrere Dinge gleichzeitig zu erledigen. Bewerberinnen, die älter sind, stellt man übrigens diese Frage besonders gern.

So gehen Sie vor

Erklären Sie, dass Sie schnell, aber auch gewissenhaft arbeiten. Routinearbeiten gehen natürlich leichter von der Hand als neue oder besonders anspruchsvolle Aufgaben.

Typische Frage: Wissen Sie, was unsere Branche gerade beschäftigt?

Dies ist eine Frage, die vor allem Berufsanfängern oder Branchenfremden gerne gestellt wird. Wie gut kennen sie die Branche, ihre Probleme und Herausforderungen? Sind bestimmte Namen, Verfahren, Entwicklungen bekannt? Der Personalverantwortliche will wissen, ob er sich eine absolute Anfängerin ins Haus holt oder eine Mitarbeiterin, die schon recht gut Bescheid weiß.

So gehen Sie vor

Reden Sie mit den Profis!

Am besten ist es, wenn Sie sich mit einem Branchenkenner unterhalten. Besorgen Sie sich auch Fachzeitschriften und besuchen Sie Expertenforen im Internet. Dann bekommen Sie schon einmal einen Überblick. Wenn Sie etwas Spezielles gefragt werden und dazu nichts sagen können, stehen Sie dazu. Denn allzu leicht könnten Sie sonst in ein Fettnäpfchen treten: Wenn der Personaler das Gefühl hat, dass Sie den Insider spielen, wird er Sie vielleicht sogar testen. „Was halten Sie denn von denn jüngsten Äußerungen unseres Berufsverbandschefs Rosenstock?" „Das war wirklich keine Meisterleistung", antworten Sie und werden dann darüber aufgeklärt, dass es gar keinen solchen Herrn gibt.

Anhand der folgenden Checkliste können Sie noch einmal überprüfen, wie gut Sie auf Fragen zu Ihren Kompetenzen und Ihrer Berufserfahrung vorbereitet sind.

CHECKLISTE

Fragen zu Ihrer Kompetenz und Ihrer Berufserfahrung	ja	nein
Kennen Sie Ihre fachlichen und persönlichen Stärken?	✓	
Können Sie begründen, warum eines Ihrer Zeugnisse gegebenenfalls nicht so gut ausfiel?		
Können Sie Ihre Erfolge darstellen?		

Fragen zu Ihrer Kompetenz und Ihrer Berufserfahrung	ja	nein
Können Sie Ihre Kernkompetenzen knapp und zugleich deutlich beschreiben?		
Wissen Sie, wie Sie an neue Aufgaben herangehen?		
Können Sie Ihr Arbeitstempo realistisch einschätzen?		
Haben Sie sich über die Branche und ihre Trends informiert?		

Fragen zu Lebenssituation und sozialem Umfeld

Beliebt sind auch Fragen zum sozialen Umfeld. Leben Sie in Beziehungen, die Ihnen Kraft geben oder Sie belasten? Unterstützt die Familie Ihre beruflichen Pläne oder arbeitet sie dagegen? Insbesondere bei Frauen interessiert man sich dafür, ob Sie den Spagat zwischen Berufstätigkeit und Mutterrolle schaffen. Hier wollen wir uns mit den noch einigermaßen unverfänglichen Fragen beschäftigen.

Typische Frage: Aus was für einer Familie stammen Sie eigentlich?

Das Milieu einer Bewerberin zu kennen, ist aus mehreren Gründen für den Personaler wichtig. Je nach Position wird die Kandidatin wichtige Kontakte knüpfen und das Unternehmen repräsentieren müssen. Kennt die Bewerberin bereits die „Szene", in der sie sich bewegen wird? Weiß sie, wie man Small Talk betreibt und die Business-Etikette einhält? Kennt sie schon die wichtigen Leute, auf die es ankommt?

So gehen Sie vor

Bleiben Sie an der Oberfläche

Es liegt an Ihnen, ob Sie sich hier bedeckt halten oder etwas mehr Einblicke ins Private gestatten. Das Mindeste, worüber Sie Auskunft geben sollten, sind die Berufe der Eltern, die Anzahl der Geschwister und noch ein paar Worte zu der Gegend, in der Sie groß wurden. Wenn Sie sich gerade für eine Führungsaufgabe beworben haben und der Ansicht sind, dass Papas Job bei der Müllabfuhr nicht ins Bild passt, drücken Sie sich etwas schwammiger aus: „Mein Vater arbeitete bei der Stadt." Passen die Berufe der Eltern gut ins Bild, erzählen Sie natürlich mehr („Schon meine Mutter war Chemikerin ..."). Erwähnenswert ist immer, wenn sich die Eltern die Förderung ihrer Kinder auf die Fahnen geschrieben hatten oder sich für soziale Belange engagierten. Ob sich Ihre Eltern scheiden ließen, ob die Schwester auf die schiefe Bahn geraten ist – all das würde das positive Bild, das Sie zeichnen wollen, trüben.

Typische Frage: Was macht Ihr Partner beruflich?

Der Partner, mit dem Sie zusammenleben, sagt auch etwas über Sie aus. Sind Sie die Frau eines ungelernten Arbeiters, Handwerkers oder Akademikers? Das sind doch Klischees, sagen Sie vielleicht. Das ist durchaus richtig, aber sie stecken nun einmal in den Köpfen. Verfügt Ihr Partner über einen deutlich weniger qualifizierten Job, wird man stutzen und sich fragen, wie die Partnerschaft mit diesem Gefälle klar kommt. Weniger nachdenklich reagieren Personaler hingegen, wenn Ihr Partner einen höher qualifizierten und auch besser bezahlten Job hat. Dass der Mann über die bessere Ausbildung und Stelle verfügt, ist gesellschaftlich noch immer eher akzeptiert.

So gehen Sie vor

Reden Sie nicht zu viel über den Partner

Möchten Sie den Beruf Ihres Partners nicht genau benennen, sprechen Sie nur von der Branche. Verzichten Sie darauf, den Namen des Unternehmens zu nennen, bei dem Ihr Partner tätig ist. Sagen Sie ihn nur, wenn Sie absolut sicher sein können, dass er gut aufgenommen wird. Schwierig kann es unter Umständen werden, wenn der Partner bei einem Lieferanten oder einem Konkurrenten arbeitet. Halten Sie sich also auch hier bedeckt. Ob Ihr Partner arbeitslos ist, hat der Personaler übrigens nicht gefragt. Er möchte lediglich seinen Beruf kennen!

Typische Frage: Mit wem sind Sie gerne zusammen und warum?

Zeige mir deine Freunde und ich sage dir, wer du bist

Hängen Sie an den Wochenenden mit Ihren Freundinnen in der Disco ab? Haben Sie eine kulturbegeisterte Bekannte, mit der Sie Konzerte und Theater besuchen? Kämpfen Sie in Ihrer Freizeit mit Gleichgesinnten für die Rechte der Frauen? Der Freundeskreis und gemeinsame Freizeitaktivitäten sagen einiges über Ihre Interessen aus. Vielleicht haben Sie ja auch gar keine Freunde. Daraus wird der Personaler auf mangelnde Kontaktstärke schließen.

So gehen Sie vor

Natürlich haben Sie einen netten Freundeskreis. Beschreiben Sie ihn ruhig näher: „Er besteht aus ehemaligen Studienkollegen." oder „Es sind alles begeisterte Jogger." Überlegen Sie aber, ob die Aktivitäten zu Ihrem Job und dem Unternehmen passen. Es ist ein Unterscheid, ob Sie sagen „Ich habe meine Freunde im Businessclub kennengelernt." oder „Wir Frauen treffen uns regelmäßig zum Töpfern." Warum Sie mit diesen Menschen gerne zusammen sind, ist klar: Sie teilen gemeinsame Interessen und schätzen ihren Rat sowie ihre Verlässlichkeit.

Typische Frage: Engagieren Sie sich sozial?

Es wird gerne gesehen, wenn sich Bewerber in sozialen Bereichen engagieren, jedoch nur, wenn diese ins Weltbild des Unternehmens passen. Oft haben Firmen, die Wert auf soziales Engagement legen, dies in ihrem Stellenangebot formuliert: „Wir suchen einen Mitarbeiter, der sich in die Arbeit von Umweltorganisationen aktiv eingebracht hat."

So gehen Sie vor

Vorsicht bei politischem Engagement

Überlegen Sie, ob Ihr Engagement Ihre Eignung für diese Stelle unterstreicht. Vorsicht ist geboten bei der Erwähnung politischer Aktivitäten. Auch die Mitarbeit in Bürgerinitiativen kann für Sie zum Nachteil werden, nach dem Motto: „Das ist vielleicht eine, die gleich eine Protestbewegung organisiert, wenn sie mit etwas nicht einverstanden ist." Unverfänglich dürften Aktivitäten für Kranke, Arme und Schwache sein.

Wie Sie raffinierte oder gemeine Fragen beantworten

Kommen wir nun zu den gefürchteten raffinierten, bisweilen auch gemeinen Fragen. „Was ist Ihre größte Schwäche?" ist inzwischen ein Klassiker, mit dem Sie in jedem Fall rechnen sollten. Ob Sie darüber hinaus mit kniffligen Fragen traktiert werden, liegt zu einem nicht unerheblichen Teil an Ihnen. Eine Bewerberin, die sich in Widersprüche verwickelt hat, einmal Gesagtes oder in der Bewerbung Behauptetes wieder zurücknimmt, weckt Misstrauen. Wundern Sie sich nicht, wenn Sie dann etwas härter angefasst werden.

Im Folgenden lernen Sie die gängigsten Fragen kennen und wie Sie geschickt darauf reagieren können.

Typische Frage: Was ist Ihre größte Schwäche?

Der Klassiker unter den Fragen

Sie steht in der Liste der raffinierten Fragen seit Jahren ganz oben. Eigentlich sollte man meinen, dass inzwischen jeder Bewerber und jede Bewerberin darauf gefasst ist und eine schlagfertige Antwort parat hat. Doch dies scheint nicht so zu sein, wie die Langlebigkeit dieser Frage beweist. Vielleicht hoffen Personaler aber auch endlich einmal etwas anderes zu hören als: „Ich bin so ungeduldig."

So gehen Sie vor

Sie geben zu, dass Sie wie jeder Mensch auch Schwächen haben. Achten Sie aber darauf, dass Sie sich mit der genannten Schwäche kein Eigentor schießen. Sie muss so harmlos sein, dass keine Zweifel an Ihrer Eignung für den Job aufkommen. Als Kundenberaterin sagen Sie also nicht, dass Sie ein eher zurückhaltender Mensch sind.

Die Schwäche darf Sie nicht ins Stolpern bringen

Eine Möglichkeit: Sie fragen sich, welche Eigenschaft für Ihren Job gar nicht gefragt ist und münzen daraus eine Schwäche. Wenn Sie zum Beispiel einer rein handwerklichen Tätigkeit nachgehen sollen, könnten Sie so argumentieren: „Ich habe kein großes Talent zu Schreibtischtätigkeiten. Die praktische Arbeit liegt mir einfach mehr." Die Journalistin könnte erklären: „Ich bin leider ganz und gar nicht handwerklich begabt. So richtig sicher fühle ich mich im Umgang mit dem gesprochenen und geschriebenen Wort."

Es gibt natürlich weitere Möglichkeiten, auf die unangenehme Frage nach der größten Schwäche zu reagieren, wie Ihnen das folgende Beispiel zeigt.

PRAXIS-BEISPIEL

Harmlose Schwäche

Die Grafikerin Anna P. hat sich folgenden Satz überlegt: „Ich bin manchmal zu hilfsbereit. Es gibt ja immer irgendjemanden, der Hilfe brauchen kann. Inzwischen habe ich aber gelernt, Nein zu sagen."

Hilfsbereitschaft ist eigentlich eine Stärke und wird in diesem Kontext zur harmlosen Schwäche. Machen Sie es wie Anna P. und zeigen Sie, dass Sie Ihre Schwäche im Griff haben.

Typische Frage: Gibt es etwas, was gegen Sie spricht?

Es könnte doch sein, dass Sie jetzt über die Zweifel und Bedenken reden, die Sie in Bezug auf Ihre Eignung in den letzten Tagen gelegentlich überfallen haben.

So gehen Sie vor

Lassen Sie sich nicht verunsichern

Natürlich spricht nichts gegen Sie, sonst hätten Sie sich auf die Stelle gar nicht beworben. Es gibt aber eine Menge Gründe, die dafür sprechen – und die können Sie nun noch einmal nennen.

Typische Frage: Sie sind schon etwas älter. Trauen Sie sich diese Aufgabe noch zu?

Der Personaler ist sicher nicht der Ansicht, dass Sie tatsächlich zu alt für die Aufgabe sind, sonst hätte er Sie nicht eingeladen. Aber wer weiß, vielleicht trifft er mit dieser Frage bei Ihnen einen wunden Punkt und es stellt sich heraus, dass Sie nicht gut mit Jüngeren zusammenarbeiten können oder nicht mehr so belastbar sind.

So gehen Sie vor

Sie sind nicht alt, Sie sind erfahren!

Sprechen Sie von den besonderen Vorzügen Ihres Alters! Sie haben einen reichen Erfahrungsschatz, von dem gerade jüngere Kollegen profitieren werden. Schildern Sie anschließend mit Beispielen die umfassenden Kenntnisse und Fertigkeiten, die Sie im Laufe Ihres Berufslebens erworben haben.

Typische Frage: Was würden Sie tun, wenn …?

… Sie fünf Dinge gleichzeitig erledigen müssen oder mit Ihrem Vorgesetzten zwei Tage im Fahrstuhl eingeschlossen wären?

Der Sinn dieser unrealistischen und nicht selten auch unlösbaren Aufgaben besteht darin, Sie unter Stress zu setzen. Interessant ist, wie Sie reagieren. Wenn Sie jetzt panisch werden, den Sinn solcher Fragen erklärt bekommen wollen oder einen Wutanfall bekommen, sind Ihnen Minuspunkte sicher.

So gehen Sie vor

Bleiben Sie gelassen

Wie unlösbar oder unsinnig Ihnen die Aufgabe auch erscheint, bleiben Sie gelassen. Legen Sie im ruhigen Tonfall dar, wie Sie sie lösen würden. Eine richtige oder falsche Antwort gibt es in den meisten Fällen nicht. Sie müssen nur beweisen, dass Sie gewissenhaft und mit der nötigen Souveränität an die Dinge herangehen.

Typische Frage: Was machen Sie, wenn wir uns für einen anderen Bewerber entscheiden?

Auch dies ist eine Stressfrage. Wieder einmal hält man nach Schweißperlen auf Ihrer Stirn Ausschau. Mit einer Antwort in Richtung „Von Ihrer Absage geht nun wirklich nicht die Welt unter." demonstrieren Sie nicht gerade, dass Sie für die Stelle brennen. Ebenso negativ dürfte der Satz ankommen: „Wie schrecklich! Ich wäre am Boden zerstört, verzweifelt, am Ende!"

So gehen Sie vor

Schauen Sie nach vorn

Eine Absage würde Sie enttäuschen, da Sie sich sicher waren, die richtige Kandidatin für die Stelle zu sein. Außerdem – aber das sagen Sie nur, wenn es tatsächlich so war – hatten Sie den Eindruck, dass das Vorstellungsgespräch sehr angenehm verlaufen ist. Um Näheres über die Gründe der Absage zu erfahren, werden Sie Ihren Mut zusammennehmen und in der Personalabteilung nachfragen, woran es gelegen hat. Da Sie ein Mensch sind, der sich nicht von Niederlagen lahmlegen lässt, werden Sie weitersuchen und sind sicher, bald eine passende Stelle zu finden.

PRAXIS-BEISPIEL

Falls Ihnen eine Absage winkt

„Natürlich wäre ich erst einmal enttäuscht. Denn schließlich habe ich das Gefühl, dass ich die geeignete Kandidatin für diese Stelle bin und unser Gespräch gut verläuft. Ich würde mich allerdings erkundigen, was die Gründe für die Absage waren. Anschließend würde ich mich, um eine Erfahrung reicher, weiter bewerben."

Typische Frage: Finden Sie nicht auch, dass Sie ...

... eine Alleinkämpferin sind, nicht wirklich eine Führungsaufgabe übernehmen wollen, sich öfter verzettelt haben?

Mit derartigen Fragen wollen sich Personaler häufig einen Widerspruch erklären lassen, der sich aus Ihrem bisherigen Werdegang und Ihrer Bewerbung auf die Stelle ergibt. Selten handelt es sich hier um eine rein provozierende Frage, mit der Sie unter Stress gesetzt werden sollen.

So gehen Sie vor

Lösen Sie Widersprüche auf

Hier ist eine sorgfältige Vorbereitung gefragt! Beachten Sie dazu auch, was bereits im Abschnitt „Lassen Sie sich nicht provozieren" (S. 20f.) gesagt wurde. Sie müssen einen offensichtlichen Widerspruch auflösen und dazu bedarf es guter Argumente, wie das folgende Beispiel zeigt.

PRAXIS-BEISPIEL

Eine schlüssige Begründung für häufigen Stellenwechsel

Der Lebenslauf von Elena P. zeigt, dass sie recht häufig den Arbeitgeber gewechselt hat. „Finden Sie nicht auch, dass Sie nie lange bei einer Firma ausgehalten haben?" wirft ihr die Personalleiterin vor. Elena P. bleibt gelassen und antwortet: „Diesen Eindruck mussten Sie natürlich gewinnen, weil ich mehrere Arbeitgeber innerhalb kurzer Zeit hatte. Dazu ist zu sagen: Die ersten beiden Firmen, bei denen ich nach meiner Ausbildung arbeitete, hatten die Stellen auf jeweils zwei Jahre befristet. Die Druckerei, bei der ich danach tätig war, verlor ihren wichtigsten Auftraggeber. Die angespannte Lage führte zu einem schlechten Betriebsklima, so dass ich mich, wie viele andere Kollegen auch, nach einer anderen Stelle umsah. Als sich dann ein Bekannter selbstständig machte und mir eine Stelle in seiner Firma anbot, war ich natürlich sehr froh darüber. Leider hatte seine Geschäftsidee keinen Erfolg, so dass ich schon nach eineinhalb Jahren wieder etwas Neues suchen musste. Es lag also nicht an mir, wie Sie ja auch meinen Zeugnissen entnehmen können."

Bereiten Sie sich auf raffinierte oder gemeine Fragen vor, indem Sie die folgende Checkliste durchgehen:

CHECKLISTE

Raffinierte oder gemeine Fragen	ja	nein
Wissen Sie, welche Ihre größte Schwäche ist?	✓	
Können Sie der Frage, was gegen Sie spricht, Paroli bieten?		
Können Sie Ihr Alter gut vermarkten?		
Reagieren Sie gelassen auf Stress auslösende Fragen?		
Sind Sie gut auf Fragen zu Lücken oder Brüchen in Ihrem Lebenslauf vorbereitet?		

Es kann durchaus sein, dass Sie noch nicht alle Fragen mit „Ja“ beantworten konnten. Dann gehen Sie noch einmal die letzten Abschnitte durch. Fassen Sie dann in eigene Worte, wie Sie auf derartige Fragen antworten würden. Sie können die Situation auch mit einer Person Ihres Vertrauens üben. Bitten Sie diese, Ihnen vergleichbare Fragen zu stellen. So werden Sie selbstsicherer auf unerwartete Raffinessen in einem Vorstellungsgespräch reagieren können.

Typische „Frauenfragen“ und wie Sie damit umgehen

Es gibt Fragen, die stellen Personaler nur Frauen: ob sie heiraten wollen, ob sie sich Kinder wünschen, ob der Nachwuchs öfter Grippe hat, wie man als berufstätige Mutter mit der Doppelbelastung fertig wird. Sie meinen, dass das den Personaler nichts angeht? Das ist richtig. Dennoch werden diese Fragen gestellt und Ihre Reaktionen aufmerksam beobachtet. Schließlich möchte das Unternehmen vermeiden, dass es die finanziellen Folgen einer Schwangerschaft mittragen muss oder dass Sie öfter ausfallen, weil Sie sich um Ihre kranken Kinder kümmern müssen.

Warum Sie immer gelassen reagieren sollten

Erkundigt sich der Personaler nach einer Schwangerschaft, haben Sie das Recht, diese Frage als unzulässig zurückzuweisen oder sogar die Unwahrheit zu sagen. Aber wäre dieses Vorgehen für Sie von Vorteil?

Bleiben Sie immer souverän

Zurückweisen sollten Sie eine Frage nur dann, wenn Sie sich verletzt oder belästigt fühlen. In allen übrigen Fällen empfiehlt es sich zu antworten. Ist das Gespräch angenehm verlaufen, könnte Ihr barsches Verhalten die gute Stimmung schnell kippen lassen.

Lügen sind sicher keine gute Basis für ein vertrauensvolles Arbeitsverhältnis. Eine Frau, die im dritten Monat schwanger ist und die Frage nach einer Schwangerschaft verneint, muss sich nicht wundern, wenn sie nach Unterzeichnung des Arbeitsvertrags schief angesehen wird.

Anders verhält es sich, wenn sich eine Frau ein Kind wünscht, aber es mit der Schwangerschaft nicht klappen will. Ob und wann sie schwanger wird, ist schließlich völlig ungewiss.

PRAXIS-BEISPIEL

Eine Unterschrift hinauszögern

Ines A. und ihr Partner möchten Kinder. Da sie nicht schwanger wird, lässt Ines A. eine künstliche Befruchtung vornehmen. Der Arzt teilt ihr mit, dass sie zwei Wochen später erfahren wird, ob der Versuch erfolgreich war. Wenige Tage vor der Mitteilung des Ergebnisses hat Ines A. ein Vorstellungsgespräch bei einem neuen Arbeitgeber. „Soll ich sagen, dass ich schwanger sein könnte?", fragt sie. Das muss sie nicht unbedingt. Wie das Ergebnis ausfällt, ist schließlich unklar. Berichtet sie dem Arbeitgeber von der künstlichen Befruchtung, ist sie sofort aus dem Rennen. Besser ist es, im Falle eines erfolgreichen Vorstellungsgesprächs die Unterzeichnung des Arbeitsvertrages etwas hinauszuzögern, bis das Ergebnis der Klinik eingetroffen ist. Sollte sich herausstellen, dass sie tatsächlich schwanger ist, kann sie dies dem Arbeitgeber rechtzeitig mitteilen, wenn sie dies möchte.

Warum sollte sich Ines A. Chancen nehmen, wo sie doch noch gar nicht weiß, ob ihre Wünsche Wirklichkeit werden? Wenn Ihnen entsprechende Fragen gestellt werden, betonen Sie, dass es Ihnen um die Arbeit geht und Privates den beruflichen Zielen untergeordnet wird. Wenn Sie dies überzeugend vortragen können und der Gesamteindruck dazu passt, wird der Personaler zufrieden sein.
Mit welchen typischen „Frauenfragen" man rechnen muss und wie Sie darauf antworten können, können Sie in diesem Kapitel lesen.

Fragen zu Schwangerschaft und Kindern

Sie gehören zu den beliebtesten unangenehmen Fragen. Viele davon empfinden Frauen als verletzend, weil sie die Privat- und Intimsphäre berühren. Reagieren Sie souverän darauf. Wie, erfahren Sie jetzt.

Typische Frage: Wollen Sie mal Kinder?/Wie sieht es mit Ihrer Familienplanung aus?

Unternehmen wünschen sich flexible, nach Möglichkeit auch ortsunabhängige Mitarbeiter, die in Vollzeit arbeiten. Frauen mit Kindern können hier in der Regel nicht mithalten.

So gehen Sie vor

Zeigen Sie Ihren Unmut nicht

Zeigen Sie keine Anzeichen von Verärgerung. Wenn Sie keine Kinder möchten – schließlich entscheiden sich immer mehr junge Frauen dagegen –, werden Sie offene Türen einrennen. Sollten Kinder zu Ihrer Lebensplanung gehören, steigen Sie nicht mit einem Satz wie diesem ein: „Ja, Kinder möchte ich natürlich schon ..." Besser klingt: „Mein Beruf hat die nächsten Jahre Vorrang. Deshalb sind keine Kinder geplant." Will man wissen, was Ihr Partner dazu sagt, antworten Sie: „Wir sind uns da vollkommen einig."

Typische Frage: Sind Ihre Kinder noch sehr klein?

Hintergrund dieser Frage ist, dass kleine Kinder anfälliger für Infekte sind. Ihr Arbeitgeber befürchtet, dass Sie öfter ausfallen werden, weil Sie den kranken Nachwuchs pflegen müssen. Ein weiteres Problem aus Sicht des Arbeitgebers: Horte und Kindergärten erwarten, dass Kinder pünktlich abgeholt werden.

So gehen Sie vor

Ihre Kleinen sind optimal betreut

Sind Ihre Kinder noch sehr klein, erklären Sie, dass eine zuverlässige Betreuung während Ihrer Arbeitszeit gesichert ist. Manchmal bietet es sich an, die Betreuungszeiten zu nennen. Denn wenn Sie täglich bis 14.00 Uhr arbeiten müssen, aber Ihr Kind auch noch um 16.00 Uhr abholen können, wird sich der Personaler freuen. Von Vorteil ist, wenn

Sie auch für den Krankheitsfall eine Betreuung vorweisen können. „Es ist kein Problem, wenn mein Kind einmal krank ist." Verweisen Sie nach Möglichkeit auf eine Einrichtung, die kranke Kinder zu Hause gesund pflegt. Das ist Personalchefs lieber als eine „unzuverlässige" Großmutter.

Typische Frage: Wie wollen Sie Beruf und Familie miteinander vereinbaren?

Haben Sie Ihre Familie so perfekt organisiert, dass Ihr Beruf nicht darunter leidet? Wenn die zukünftige Stelle schon an eine Frau mit Familie vergeben wird, dann nur an eine, der man die Familie nicht anmerkt.

So gehen Sie vor

Sie haben alles gut organisiert

Natürlich haben Sie alles perfekt organisiert. Ihr Partner unterstützt Sie nach Kräften. Kleine Kinder werden zuverlässig betreut. Große Kinder sind schon selbstständig. Zudem können Sie sich auf eine Organisation stützen, die Ihre Kinder hütet, wenn sie mal krank sind. Wo ist das Problem?

Typische Frage: Hat es in Ihrer letzten Stelle Probleme gegeben, weil Sie Beruf und Familie nicht so gut vereinbaren konnten?

Jetzt will man es aber ganz genau von Ihnen wissen. War Ihr Chef immer mürrisch, weil Sie pünktlich um 16.30 Uhr Schluss gemacht haben, um Ihre Kleine aus dem Kindergarten abzuholen? Haben Sie mehrtägige Dienstreisen immer abgelehnt, weil Sie lieber zu Hause bei Ihrer Familie sein wollten?

So gehen Sie vor

Mit einer perfekten Organisation geht alles

Es hat keine Probleme gegeben. Ihr Chef hat Ihre Arbeit sehr zu schätzen gewusst. Außerdem kam es öfter vor, dass Sie Überstunden gemacht haben oder auf einer Dienstreise waren. Dank der guten Organisation war das alles kein Problem.

Typische Frage: Läuft es gut mit den Kleinen?

Es könnte doch sein, dass Sie mit Ihrer Tochter bis spät in die Nacht Mathematik pauken müssen. Das spricht nicht gerade dafür, dass Sie den Kopf für die Arbeit wirklich frei haben.

So gehen Sie vor

Weihen Sie den Personaler auf keinen Fall in Probleme ein. Sie haben nette, brave Kinder, bei denen alles nach Plan läuft.

PRAXIS-BEISPIEL

Keine Plaudereien aus der Familienkiste

Eine Klientin wollte sich für das Vorstellungsgespräch coachen lassen. Sie hatte sich bereits bei mehreren Unternehmen vorgestellt, aber nie hatte es geklappt. Wir überlegten, welche Ursachen dies haben könnte. Ihr Lebenslauf war in Ordnung, die Zeugnisse waren gut, das Auftreten stimmte auch. Schließlich stellte sich heraus, dass sie auf Fragen nach ihrem familiären Umfeld die Probleme mit ihrer Tochter ausgebreitet hatte. Die junge Frau war einige Male wegen Ladendiebstahls angezeigt worden. Ihre Mutter hatte dem Personaler erklärt, dass sie sich beruflich sehr engagieren werde, aber wenn es Probleme mit der Tochter gebe, müsse sie für sie da sein.

Fragen zu Ihrem Partner

Geben Sie nicht zu viel preis

Frauen richten sich bei ihrer Lebensplanung stark nach dem Partner – diese Meinung ist noch immer weit verbreitet. Der Personaler wird daher wissen wollen, was Ihr Freund bzw. Ehemann zu Ihrer beruflichen Veränderung sagt. Trägt er sie mit? Wird er Sie unterstützen? Ist er gegebenenfalls auch zu einem Umzug bereit? Auch hier gilt: Ruhe bewahren und sich nicht in die Karten blicken lassen.

Typische Frage: Haben Sie eigentlich einen Freund?

Eine beliebte Frage

Diese Frage führt sicher die Hitliste der beliebtesten „Frauenfragen" an. Planen die beiden eine Heirat? Wollen sie Kinder? Mal sehen, was die Bewerberin so erzählt.

So gehen Sie vor

Wenn Sie mit Ihrem Freund zusammenleben, sollten Sie es auf jeden Fall sagen. Sie ersparen sich damit spätere lästige Nachfragen und Sticheleien von Kollegen oder Vorgesetzten („Sie haben wohl doch einen Freund, oder wer war das neulich am Telefon?"). Beantworten Sie die Frage nach einem Freund mit „Ja", müssen Sie allerdings mit Nachfragen rechnen (gemeinsame Lebensplanung, Heirat, Kinder etc.).

Typische Frage: Was sagt der Partner zu Ihren beruflichen Plänen?

Es könnte doch sein, dass Ihr Partner Ihre Zukunftspläne nicht teilt oder Sie nicht unterstützt. In diesem Fall befürchtet man, dass Ihre Leistungsfähigkeit oder Flexibilität (zum Beispiel weil Sie reisen müssen) darunter leiden könnte.

So gehen Sie vor

Sie und Ihr Partner sind sich einig

Natürlich haben Sie mit Ihrem Partner hierüber gesprochen und können versichern, dass Sie beide an einem Strang ziehen. Wenn der Personalverantwortliche den Eindruck gewinnt, dass Sie gegen den Willen Ihres Partners handeln oder ihn noch gar nicht in Ihre Pläne eingeweiht haben, wird er nicht gerade begeistert sein. Womöglich war das ganze Gespräch dann umsonst!

Typische Frage: Ihr Partner wohnt in X, würde er nach Y umziehen?

Die Vorstellung, dass Sie zwischen Ihrem künftigen Arbeitsplatz und Ihrem Partner, der am alten Wohnort bleibt, hin- und herpendeln, bereitet den meisten Personalern Bauchschmerzen. Sie befürchten, dass Sie gar nicht vorhaben, im neuen Unternehmen heimisch zu werden. Freitags werden Sie sich vermutlich so früh wie möglich ins Wochenende verabschieden, um den Zug zu Ihrem Liebsten zu erwischen. Am Ende lassen Sie die Stelle vielleicht sausen, weil Sie das Pendeln satt haben und Ihnen die Lust auf eine Wochenendbeziehung vergangen ist.

So gehen Sie vor

Umzug nicht ausgeschlossen

Vermutlich haben Sie über dieses Problem mit Ihrem Partner bereits gesprochen. Ob er irgendwann umzuziehen gedenkt oder nicht – lassen Sie am besten alles im Unklaren. Ihre Antwort könnte so lauten: „Ich habe natürlich mit meinem Partner darüber gesprochen. Ein Umzug ist nicht ausgeschlossen. Wir sind aber zu dem Schluss gekommen, dass wir erst einmal die Probezeit abwarten sollten."

Typische Frage: Wollen Sie denn mal heiraten?

Die Befürchtung: Eine Frau, die geheiratet hat, wird kurz darauf schwanger.

So gehen Sie vor

Sie müssen den Personaler nicht in Ihre Heiratspläne einweihen. „Das hat noch viel Zeit, der Beruf geht vor", könnte Ihre Antwort lauten.

Fragen an Alleinerziehende

Alleinstehende Frauen mit Kindern haben es bei der Stellensuche besonders schwer. Umso stolzer dürfen Sie sein, dass Sie es bis zum Vorstellungsgespräch geschafft haben. So mancher Personaler sortiert die Bewerbungsunterlagen einer alleinerziehender Mütter gleich auf den Stapel „Absagen“. Heißt es unter Familienstand „ledig, zwei Kinder“ und kommt dann noch eine längere berufliche Auszeit wegen Kindererziehung hinzu, bedeutet das für viele Bewerberinnen das Aus (dass man ledig sein kann und dennoch nicht alleinerziehend, wird oft vergessen).

Vermutlich befürchten Sie nun, dass sich der Personaler genauer nach ihren Familieverhältnissen erkundigt und nach Ihrer Belastbarkeit und Flexibilität fragt. Bleiben Sie gelassen, beherzigen Sie am besten folgende Hinweise.

Typische Frage: In Ihrem Lebenslauf steht, dass Sie ledig sind und Kinder haben. Sind Sie also alleinerziehend?

Die Frage ist zwar unangenehm, doch Sie tun Sie sich keinen Gefallen damit, sie barsch zurückzuweisen. Der Personaler möchte wissen, wie es um Ihre Belastbarkeit und Flexibilität steht.

So gehen Sie vor

Reden Sie nicht über Strapazen

Erklären Sie, dass Sie alleinerziehend sind. Punkt. Wenn der Personaler noch mehr wissen will, wird er nachfassen (siehe nachfolgende Fragen). Lassen Sie sich bei dieser Frage nicht dazu hinreißen, über den Vater des Kindes, finanzielle Nöte oder die Vorurteile gegenüber Alleinerziehenden zu sprechen.

Typische Frage: Sind Sie belastbar?

Ganz schön happig, was Ihnen da unterstellt wird: Eine Alleinerziehende ist natürlich mit den Nerven am Ende und deshalb für das Erwerbsleben eigentlich unbrauchbar.

So gehen Sie vor

Natürlich sind Sie belastbar

Spielen Sie den Ball zurück: „Warum sollte ich nicht belastbar sein?" und genießen Sie den verdutzten Blick des Personalers, der Ihnen jetzt erklären muss, was er meint. Danach sagen Sie: „Bislang habe ich mich in allen beruflichen und privaten Situationen als sehr belastbar erwiesen. Da sehe ich gar kein Problem." Untermauern Sie diese Behauptung mit Beispielen aus Ihrem Berufsleben.

Typische Frage: Bringen Sie die nötige Flexibilität mit?

Wer kümmert sich während der Arbeitszeit um Ihre Kinder? Können Sie auch mal länger bleiben? Der Personaler möchte sicher sein, dass Sie nicht nach der Stechuhr arbeiten werden. Die Frage blüht Ihnen auf jeden Fall, wenn Sie sich für eine Tätigkeit beworben haben, die mit unregelmäßigen Arbeitszeiten, Überstunden oder Reisen verbunden ist. Falls dies so ist, werden Sie sicher schon alles Nötige organisiert haben.

So gehen Sie vor

Sie haben alles im Griff

Natürlich haben Sie alle Vorbereitungen getroffen. Geben Sie dem Gesprächspartner das Gefühl, dass Sie auch länger arbeiten oder reisen können. „Bei einer guten Planung ist das alles kein Problem." Übrigens: Alleinerziehenden Vätern wird diese Frage kaum gestellt. Daran lässt sich erkennen, wie fest Rollenmuster in den Köpfen der Personaler verankert sind.

Stellen Sie kluge Fragen

Gegen Ende des Gesprächs, manchmal auch schon in der zweiten Hälfte, erkundigt sich der Personalverantwortliche, ob Sie Fragen haben. Vielen Bewerberinnen ist gar nicht bewusst, welche Chancen sich hierdurch ergeben. Jetzt können sie sich über das Unternehmen und die zu besetzende Stelle im Detail informieren. Vielleicht haben sich im Laufe des Gesprächs auch Unklarheiten ergeben, die nun – behutsam versteht sich – aufgeklärt werden können. Leider glauben viele Bewerber, ihre Fragen seien nicht mehr als eine nette Geste, die Interesse signalisieren soll. Entsprechend nichtssagend sind sie oft.

Jetzt sind Sie mit dem Fragen dran

EXPERTEN-TIPP

Konkret und sachbezogen fragen

Fragen wie „Können Sie mir die Vision Ihres Unternehmens erläutern?" liefern wenig brauchbare Informationen. Sie werden mit großer Wahrscheinlichkeit Sätze hören, die Sie auch in der Werbebroschüre des Unternehmens nachlesen können. Ihre Fragen sollten möglichst konkret sein und sich auf die Stelle beziehen.

Machen Sie sich klar, dass Sie es sind, die in dieser Phase des Gesprächs am Ruder sitzt. Sie tauschen gewissermaßen die Rollen: Jetzt stellen Sie die Fragen und der Personaler muss sich und sein Unternehmen gut verkaufen.

Der Ton macht die Musik

Sehr wichtig ist die Wahl des richtigen Tonfalls. Auf keinen Fall dürfen Sie siegessicher klingen. Halten Sie Distanz zum Unternehmen, denn noch haben Sie den Arbeitsvertrag nicht in der Tasche. Die Frage „Wo habe ich denn meinen Arbeitsplatz?" klingt anders als „Wo wird denn der Arbeitsplatz des neuen Mitarbeiters sein?" Auch Ansprüche zu stellen, kommt sehr schlecht bei Personalern an: „Also mit diesem Pro-

Stellen Sie keine Forderungen

gramm kann ich nun gar nicht arbeiten. Da müssten Sie mir schon ein anderes beschaffen.“ Sie sollten auch nicht den Eindruck vermitteln, dass Sie es gar nicht abwarten können. Drängen Sie den Personaler nicht mit Fragen wie: „Wann könnten wir frühestmöglich den Vertrag machen?“

Zu den folgenden Themen sollten Sie im Vorstellungsgespräch unbedingt Fragen stellen.

Welche Geschichte hat die Stelle?

Wer und wie war der Vorgänger?

Die meisten Stellen, auf die man sich bewirbt, haben eine Geschichte. Einen oder mehrere Mitarbeiter gab es auf diesem Arbeitsplatz bereits. Die Vergangenheit zu kennen ist für Sie sehr wichtig. Daraus können Sie wertvolle Informationen gewinnen, welche Ansprüche an den neuen Mitarbeiter, also Sie, gestellt werden. War der Vorgänger eine hervorragende Kraft, wird man Sie an ihm messen. War man mit seinen Leistungen nicht so zufrieden, hofft man, dass Sie es besser machen. Abhängig davon, welche Erfahrungen das Unternehmen bzw. der Vorgesetzte mit dem alten Mitarbeiter gemacht hat, werden die Schwerpunkte im Vorstellungsgespräch gesetzt. War Ihr Vorgänger unorganisiert, wird man Sie im Vorstellungsgespräch in punkto Organisation genauer unter die Lupe nehmen. Konnte Ihr Vorgänger ausgezeichnet mit schwierigen Kunden umgehen, wird man herausfinden wollen, ob Sie auch ein Händchen dafür haben.

Indem Sie geschickt die Geschichte einer Stelle erfragen, wissen Sie, welche Stärken Sie abschließend noch einmal hervorheben sollten. Das Anforderungsprofil der Stellenanzeige wird Ihnen solche wichtigen Hinweise niemals liefern können. Mit geschickten Fragen können Sie auch herausfinden, ob die Stelle gegebenenfalls „Macken" hat. Vielleicht musste Ihr Vorgänger drei Chefs zuarbeiten, die ihn völlig aufgerieben haben, und nun werden Sie die nächste sein, die diese Zerreißprobe bestehen soll. Vielleicht kommen Sie sogar zu dem Schluss, dass Sie die Stelle gar nicht mehr wollen.

Im Folgenden stelle ich Ihnen ein paar Fragen vor, mit denen Sie die Geschichte der Stelle und die daraus resultierenden Erwartungen an Sie ausloten können. Darauf aufbauend heben Sie Ihre Stärken hervor.

Mögliche Fragen:

Fragen Sie, wie der neue Mitarbeiter sein soll

- „Welche persönlichen Eigenschaften Ihres zukünftigen Mitarbeiters sind Ihnen denn besonders wichtig?"
- „Was den Arbeitsstil betrifft – gibt es da spezielle Wünsche von Ihrer Seite?"
- „Übernehme ich die Arbeitsabläufe und Aufgaben des Vorgängers oder soll hier etwas geändert werden, so dass ich Neuland betrete?"

Wie Sie eine solche Frage nutzen können, um Anforderungen zu erkennen und die Präsentation Ihrer Stärken darauf zuzuschneiden, zeigt das folgende Beispiel.

PRAXIS-BEISPIEL

Eine kommunikationsfreudige Person wird erwartet

Rosalie F. stellt sich in einem Software-Unternehmen als Marketingleiterin vor.

Rosalie F.: „Welche persönlichen Eigenschaften Ihres zukünftigen Mitarbeiters sind Ihnen denn besonders wichtig?"

Personalchef: „Er muss ein kommunikativer Typ sein und mit Menschen klarkommen. Wissen Sie, wir sind eine heterogene Gruppe aus Betriebswirten, IT-Experten, Mathematikern. Da spricht jeder eine andere Sprache."

Rosalie F.:	„Verstehe. Es geht darum, sich gut auf unterschiedliche Menschen und Denkweisen einstellen zu können."
Personalchef:	„Ganz genau. Dafür braucht man das richtige Gespür. Wir müssen sicher sein, dass der künftige Mitarbeiter nicht gegen Mauern rennt."
Rosalie F:	„Das wäre bei mir ganz sicher nicht der Fall. Erst neulich musste ich in Zusammenarbeit mit den verantwortlichen Technikern und Ingenieuren unseres Hauses eine Vermarktungsstrategie für unsere neue Produktreihe auf den Weg bringen. Für unsere Fachleute sind die Produkte natürlich das Wichtigste. Für mich geht es um die Vermarktung. Aber mit Fingerspitzengefühl und einem diplomatischen Vorgehen ist es mir gelungen, ein klares und von sämtlichen Beteiligten mitgetragenes Konzept auf die Beine zu stellen. Am Ende waren alle hoch zufrieden. Die Kommunikation mit Ihren Spezialisten wird klappen. Da bin ich mir ganz sicher."

Finden Sie heraus, mit wem Sie zusammenarbeiten

Ob Sie sich in dem neuen Unternehmen wohl fühlen, hängt entscheidend von den Menschen ab, mit denen Sie zusammenarbeiten werden. Welche Aufgaben haben sie? Wo berühren Ihre Aufgabenbereiche die der Mitarbeiter? Sind die Kollegen alte Hasen auf ihrem Gebiet oder Neulinge? Wer ist der Vorgesetzte? Haben Sie vielleicht mit mehreren Chefs zu tun und wofür sind sie zuständig? Kommen Sie in eine reine „Männerwirtschaft" oder gibt es auch Frauen in der Abteilung?

Die Antworten der Personaler geben Ihnen schon einige wichtige Einblicke ins Innere der Firma und der Abteilung, in der Sie arbeiten werden. Da stellt sich dann vielleicht heraus, dass es ziemlich verkrustete Hierarchien im Unternehmen gibt, Ihr unmittelbarer Vorgesetzter das „Urgestein der Firma“ genannt wird und Sie die erste Frau in einer Altherrenrunde sein werden. So etwas sollte man wissen, bevor man den Arbeitsvertrag unterschreibt.

Wenn Sie Mut haben, können Sie auch nach dem Betriebsklima fragen. Natürlich wird der Personaler erklären, dass eine prima Stimmung in der Firma herrscht. Schauen Sie, ob das Gesicht, das er gerade machte, als Sie ihm die Frage stellten, dazu passt.

Ist das Betriebsklima eigentlich gut?

Mögliche Fragen:

- „Können Sie mir sagen, mit wem ich unmittelbar zusammenarbeiten werde?“
- „Wer ist mein direkter Vorgesetzter und für welche Bereiche ist er zuständig?“
- „Gibt es die Möglichkeit, den Vorgesetzten und die Mitarbeiter kennenzulernen?“
- „Werde ich auch in anderen Abteilungen eingesetzt?“
- „Arbeite ich in einem gemischten Team aus Männern und Frauen?“

Welche Aufgaben und Projekte kommen auf Sie zu?

Bislang haben Sie mit dem Personalverantwortlichen viel über die Stellenanforderungen gesprochen und ob Sie diese erfüllen können. Jetzt haben Sie die Möglichkeit zu fragen, mit welchen konkreten Aufgaben und gegebenenfalls Projekten Sie betraut sein werden. Sie können also nun prüfen, ob die Erwartungen, die von der wohlklingenden Stellenanzeige geweckt wurden, tatsächlich erfüllt werden.

Im Idealfall existiert eine Stellenbeschreibung, so dass Ihnen der Personalverantwortliche die Aufgaben im Einzelnen nennen kann. Auch hier wieder ein Vorschlag für mutige Frauen: Fragen Sie, ob der alte Stelleninhaber mit irgendwelchen Aufgaben Probleme hatte.

Wie sieht die Arbeit ganz praktisch aus?

Mögliche Fragen:

- „Warum muss die Stelle neu besetzt werden?“
- „Wie wird ein typischer Arbeitstag auf dieser Stelle aussehen?“
- „Gibt es eine Einarbeitung und wer wird mich einarbeiten?“
- „Welche Arbeitszeiten gibt es?“
- „Können Sie mir genauer beschreiben, für welche Aufgaben ich zuständig sein werde?“
- „Wo ist die Stelle innerhalb des Unternehmens angesiedelt?“
- „Welche Projekte haben Sie denn im Einzelnen vor?“ – „Welches ist als Erstes anzugehen?“
- „Teile ich mir bestimmte Verantwortungsbereiche mit anderen?“
- „Wem arbeite ich zu?“
- „Gibt es zeitliche Vorgaben oder Fristen, die bei der Erledigung meiner Arbeit zu berücksichtigen sind?“
- „Bietet die Stelle Möglichkeiten zur Weiterentwicklung?“

Vor welchen Herausforderungen steht die Abteilung?

Jede Abteilung im Unternehmen hat ihre Probleme, die sie meistern muss. Vor welchen Herausforderungen stehen die Vorgesetzten und Mitarbeiter der Abteilung, in der Sie arbeiten werden? Sind die Probleme gewaltig oder ohne große Anstrengungen lösbar? Ziehen alle am selben Strang oder gibt es Interessengruppen mit unterschiedlichen Strategien? Stehen Umstrukturierungen bevor, die die Abteilung betreffen werden? Es lohnt sich, hier gezielt nachzufragen. Ebenso sollten Sie sich nach Erfolgen erkundigen. Wo konnten Erträge gesteigert werden? Was ist besonders gut in den letzten Jahren gelungen? Welchen Ruf genießt die Abteilung innerhalb des Unternehmens?

Mögliche Fragen:

Erkundigen Sie sich nach Problemen und Erfolgen

- „Jede Abteilung hat ja so ihre Probleme und Herausforderungen zu meistern. Wie sieht das in der Abteilung aus, in der ich arbeiten werde?"
- „Gibt es Strategien oder Konzepte, wie diese Probleme gelöst werden sollen?"
- „Auf welche Leistungen sind die Mitarbeiter der Abteilung besonders stolz?"
- „Lässt sich der Erfolg in Zahlen ausdrücken?"
- „Wie wird die Abteilung von anderen Stellen im Unternehmen gesehen?"

Vorsicht bei Fragen nach Ferien, Überstunden, Umzugskosten

Wenn Sie Fragen stellen, müssen Sie sensibel vorgehen. Erinnern Sie sich noch an unseren Blind Date-Vergleich vom Anfang? Zerstören Sie nicht die Harmonie des ersten Treffens, indem Sie als Erstes die Frage nach der Urlaubsregelung stellen. Wenn Sie den Personalverantwortlichen nicht enttäuschen oder verärgern wollen, sollten Sie Themen wie Ferien, Überstundenvergütung, freiwillige soziale Leistungen, Dienstwagen oder Umzugskosten erst ganz zum Schluss ansprechen und dann nicht so ungeschickt wie hier:

- „Muss man bei Ihnen eigentlich viele Überstunden machen?" – „Was zahlen Sie denn dafür?"
- „Mein Urlaub fällt genau in die Probezeit. Das ist hoffentlich kein Problem, oder?"
- „Was bietet Ihr Unternehmen für freiwillige soziale Leistungen?"
- „Was für eine Marke ist der Dienstwagen?"
- „Wie behandelt mein zukünftiger Chef seine Leute?"

Besser klingt es, wenn Sie folgendermaßen formulieren:

So fragen Sie geschickt

- „Was mich noch interessieren würde: Macht Ihr Unternehmen eigentlich Betriebsferien?"
- „Angenommen, Sie würden sich für mich entscheiden, müsste ich ja umziehen. Gibt es hier Unterstützung seitens des Unternehmens?"
- „Könnten Sie mir noch sagen, wie Überstunden vergütet werden?"
- „Bietet Ihr Unternehmen Zusatzleistungen für seine Mitarbeiter an?

Als Zusammenfassung finden Sie hier noch einmal alle Fragen, die Sie stellen sollten, in einer Tabelle aufgelistet.

Fragen, die Sie stellen sollten
Warum muss die Stelle neu besetzt werden?
Können Sie mir die Aufgaben im Einzelnen beschreiben?
Wie sieht ein typischer Arbeitstag aus?
Gibt es eine Einarbeitung?
Wer ist mein unmittelbarer Vorgesetzter?
Mit wem arbeite ich zusammen?
Vor welchen Herausforderungen steht die Abteilung?
Bietet die Stelle Möglichkeiten zur Weiterentwicklung?
Wie werden Mitarbeiter gefördert?
Gibt es Zusatzleistungen?
Können Sie mich bei einem Umzug unterstützen?
Machen Sie Betriebsferien?

Wie Sie Ihr Gehalt bestimmen und verhandeln

Die Gehaltsfrage ist die Gretchenfrage des Vorstellungsgesprächs. Hier offenbart sich, was Sie dem Unternehmen wert sind. Gewöhnlich wird Ihnen der Personaler die Frage nach dem Gehaltswunsch ganz am Schluss stellen. Sie sollen eine Zahl nennen, die Ihrer Leistung entspricht und die Ihr Gegenüber akzeptiert. Doch das ist alles andere als einfach.

Frauen verdienen noch immer weniger

Es ist keine Neuigkeit, dass Frauen für gleiche Arbeit weniger bekommen als Männer. Als Ursache wird angeführt, dass Frauen seltener in den oberen Etagen der Unternehmen vertreten sind. Warum dies so ist, beschäftigt unter anderem Arbeitsmarktforscher. Manche Studien wollen gezeigt haben, dass viele Frauen einer Karriere skeptisch gegenüberstehen. Die Gründung einer Familie und die Erziehung von Kindern sei für zahlreiche Frauen wichtiger als der berufliche Aufstieg, daher landeten sie automatisch bei den weniger verantwortungsvollen Jobs mit den niedrigeren Gehältern. Doch es gibt auch eine andere Erklärung: Nach Ansicht vieler Personalprofis verkaufen sich Frauen unter Wert.

EXPERTEN-TIPP

Sie sind Ihren Preis wert

Verlangen Sie das, was Sie verdient haben und tragen Sie Ihren Gehaltswunsch selbstbewusst, sachlich und gut begründet vor.

Diese Faktoren spielen eine Rolle

Viele Faktoren beeinflussen das Gehalt

Aber wie finden Sie heraus, was Ihnen zusteht? Um ein realistisches Gehalt festlegen zu können, berücksichtigen Sie folgende Faktoren:

- bisheriges Gehalt
- Berufserfahrung

- Verantwortungsgrad Ihrer neuen Tätigkeit
- branchenübliches Entgelt
- Wirtschaftsregion
- Größe des Unternehmens
- Unternehmenssituation

Nun werden Sie vielleicht fragen, ob die Verbesserung Ihres Lebensstandards nicht auch ein wichtiger Faktor bei der Bestimmung Ihres Gehaltswunsches sein sollte. Das ist richtig. Allerdings können Sie damit gegenüber dem Personaler nicht argumentieren. Dass alles teurer wird, ein neues Auto fällig ist oder Sie mit Ihrem Partner demnächst ein Häuschen kaufen wollen, interessiert ihn herzlich wenig. Allein Ihre Leistung ist es, für die er zu zahlen bereit ist.

Sprechen Sie die Gehaltsfrage nicht selbst an

Beim Thema Bezahlung dürfen Sie übrigens auf keinen Fall vorpreschen. Warten Sie, bis der Personaler das Thema Gehalt auf den Tisch bringt. Im ersten Vorstellungsgespräch genügt es ihm meist, Ihren Gehaltswunsch zu erfassen. Im zweiten Gespräch geht es dann in die Verhandlung, es sei denn, er hat Ihren Gehaltswunsch bereits abgenickt.

So ermitteln Sie Ihr Gehalt

Es gibt Bewerberinnen, die auf die Frage nach ihrem Gehaltswunsch antworten: „Darüber habe ich mir noch keine Gedanken gemacht." Das zeugt von einer schlechten Vorbereitung. Der Personaler erwartet eine Zahl von Ihnen, denn seine Entscheidung wird schließlich auch davon abhängen, ob er Sie sich leisten kann und will.

Liegen Sie mit Ihrem Gehaltswunsch zu hoch, kann es sein, dass Sie gleich aus dem Rennen sind. Um das zu vermeiden, sollen Bewerber und Bewerberinnen ihren Gehaltswunsch oft schon im Bewerbungsanschreiben mitteilen. Ärgerlich ist es aber auch, wenn Sie mit Ihrer Forderung unter dem liegen, was der Arbeitgeber zu zahlen bereit wäre. Was nichts kostet, ist nichts wert, heißt es. Wenn eine Bewerberin zu wenig verlangt, kann es mit ihr nicht weit her sein, wird sich der Personalverantwortliche denken.

EXPERTEN-TIPP

Eine gute Begründung ist gefragt

Bei der Ermittlung Ihres Gehaltswunsches können Sie nicht sorgfältig genug vorgehen. Nur wenn Sie ihn begründen können, werden Sie sicher auftreten und nicht beim leichtesten Stirnrunzeln des Personalers einknicken. Das Gefühl, sich unter Wert verkauft zu haben, dürfte langfristig für Unzufriedenheit sorgen.

Was haben Sie bisher verdient?

Ausgangspunkt Ihrer Überlegungen sollte Ihr bisheriges Gehalt sein. Schlagen Sie mindestens 10 % für die neue Stelle auf. Als Berufsanfängerin beachten Sie die folgenden Hinweise; Wiedereinsteigerinnen lesen den Tipp am Ende dieses Kapitels.

Häufig wollen Personaler wissen, wie hoch Ihr aktuelles Gehalt ist, um sicherzustellen, dass man Sie nicht zu teuer einkauft. Wenn irgend möglich halten Sie sich bei dieser Frage bedeckt, erst recht wenn Sie finanziell einen deutlichen Sprung machen wollen.

Sagen Sie möglichst nicht, was Sie zurzeit verdienen

Fragen Sie Leute, die in der Branche arbeiten

Eine ausgezeichnete Informationsquelle sind Menschen in Ihrem unmittelbaren Umfeld. Gibt es Verwandte, Freunde oder Bekannte, die in dieser oder einer verwandten Branche arbeiten? Es genügt übrigens nicht, lediglich mitzuteilen, für welche Stelle Sie sich beworben haben, Sie müssen auch Ihre Berufserfahrung beschreiben. Zudem sollte der Ratgebende etwas über die Stellung des Unternehmens am Markt wissen.

Berufsverbände und Gewerkschaften helfen weiter

Vergütungs- und Honorartabellen

Wenden Sie an den für Sie zuständigen Berufsverband oder die Gewerkschaft. Hier wird man Ihnen Auskunft über Branchengehälter und Tariflöhne erteilen. Häufig gibt es so genannte Vergütungs- oder Honorartabellen. Nach Ihrem Berufsverband recherchieren Sie im Internet beziehungsweise in den örtlichen Gelben Seiten. Beachten Sie zum Thema Gehalt auch die Adressen und Links am Ende dieses Buches.

Das Statistische Bundesamt Deutschland

Statistik „Bruttoverdienste"

Eine gute Orientierung bietet auch das Statistische Bundesamt Deutschland. Unter der Rubrik „Bruttoverdienste" werden, aufgeschlüsselt für Arbeiter und Angestellte, Bruttostundenverdienste und Bruttomonatsverdienste für das produzierende Gewerbe, Handel, Kredit- und Versicherungsgewerbe sowie Handwerk und Landwirtschaft aufgelistet. Sie können auch die Bruttoverdienste zwischen Männern und Frauen vergleichen. Eine Differenzierung nach Berufserfahrung und Position findet allerdings nicht statt.

Auf Gehaltsfragen spezialisierte Institute

Gehaltscheck

Sie können auch gegen Gebühren, die Sie im übrigens steuerlich absetzen können, einen Gehaltscheck durchführen lassen. Die Kosten belaufen sich auf etwa 20 Euro.

Wirtschaftsmagazine und Tageszeitungen liefern Informationen

Teilweise kostenpflichtig, teilweise gebührenfrei sind die Gehaltsinformationen, die Sie auf den Websites vieler Wirtschaftsmagazine und Tageszeitungen abrufen können.

Wenn schon eine Zahl genannt wurde

Wenn bereits ein Gehalt im Raum steht, können Sie eine Gehaltsanalyse durchführen lassen. Branche und Region werden in die Analyse einbezogen. Job-Portale bieten solche Gehaltschecks oft kostenlos an. Oder Sie wenden sich an die oben erwähnten Institute, die auf derartige Analysen spezialisiert sind.

Gehalts-analyse

Mithilfe der folgenden Tabelle können Sie noch einmal überprüfen, ob Sie nichts bei der Ermittlung Ihres Gehalts vergessen haben.

Wichtige Faktoren bei der Ermittlung Ihres Gehalts
Mein aktuelles Gehalt beläuft sich auf ... Euro.
Über wie viel Berufserfahrung verfüge ich?
Werde ich mehr Verantwortung tragen als bisher?
An welchem Standort befindet sich das Unternehmen?
Wie geht es der Branche zurzeit?
Ist das Unternehmen wirtschaftlich gesund?
Wie groß ist es?
Mein Wunschgehalt (mind. 10 % Aufschlag zum bisherigen Gehalt) beträgt:

So bekommen Sie, was Sie verdient haben

Nehmen wir an, Sie haben sorgfältig recherchiert und Ihr Gehaltswunsch entspricht dem, was Arbeitgeber in dieser Branche und Region für einen Mitarbeiter mit Ihrer Erfahrung üblicherweise zahlen. Was tun Sie, wenn Sie nach Ansicht des Personalers dennoch zu hoch liegen und er sich daher noch nicht für Sie entscheiden kann oder will?

Streichen Sie Ihre Stärken noch einmal heraus

Ist die Differenz zu seinem Angebot gering, legen Sie sich noch einmal ins Zeug und nennen Sie alle Argumente, die für Sie sprechen. Zeigt sich der Personalverantwortliche unbeeindruckt, Sie möchten die Stelle aber unbedingt, sollten Sie jetzt annehmen. Um nicht das Gesicht zu verlieren, wäre es möglich, um einen „Ausgleich" für das niedrigere Gehalt zu bitten, etwa in Form von Zusatzleistungen wie einer betrieblichen Altersvorsorge. Übrigens kann es speziell für Mütter interessant sein, über flexiblere Arbeitszeiten oder ein Home Office zu verhandeln. Vielleicht wird Ihnen der Personaler hier entgegenkommen.

Mögliche Zusatzleistungen

Überlegen Sie, was Sie sich wert sind

Nun gibt es aber natürlich auch die Möglichkeit, dass das Gehalt deutlich unter dem liegt, was Sie sich vorgestellt hatten. Entweder sagen Sie jetzt ab oder setzen auf Ihre Verhandlungskunst. Stellen Sie den Nutzen, den Sie dem Unternehmen zu bieten haben, noch einmal heraus. Lässt sich der Personaler darauf nicht ein, könnten Sie auch hier um einen Ausgleich bitten. Möglich wäre auch, eine spätere Gehaltserhöhung zu vereinbaren. Lässt sich der Personalverantwortliche auf beides nicht ein und will er Ihnen in keiner anderen Weise entgegenkommen, wird Ihre Entscheidung schließlich davon abhängen, wie sehr Sie auf den Job brennen beziehungsweise wie Ihre Aussichten auf eine besser bezahlte Stelle sind.

Welches Gehalt können Wiedereinsteigerinnen verlangen?

Lassen Sie sich nicht drücken

Grundsätzlich sollten auch Sie das verlangen, was in der Branche und Region üblich ist, und keinen „Wiedereinsteigerinnen-Abschlag" einkalkulieren. Natürlich ist es möglich, dass der Arbeitgeber Sie mit dem Argument etwas drücken will, dass Sie sich doch erst einmal wieder einarbeiten müssen, nachdem Sie so lange pausiert haben. Schließlich sei es ja auch ein Risiko, sich auf eine Wiedereinsteigerin einzulassen. Meine Erfahrung ist, dass genau diese Frauen sehr schnell eingearbeitet sind. Lassen Sie sich also – wenn überhaupt – nur wenig herunterhandeln. Sonst ärgern Sie sich später nur.

Wie geht es nach dem Vorstellungsgespräch weiter?

Das Gespräch liegt hinter Ihnen. Sind Sie zuversichtlich und bester Laune nach Hause gegangen oder haben Sie sich gefragt, was das für ein seltsames Treffen war? Sind Sie enttäuscht – von sich, den Menschen, die Sie interviewt haben, und dem Unternehmen?

Waren Sie mit sich zufrieden?

Auch wenn Sie körperlich ziemlich erschöpft sind, werden Sie das Gespräch immer wieder Revue passieren lassen. Nutzen Sie die frischen Eindrücke, um sich selbst ein Feedback zu geben. Waren Sie mit sich zufrieden? Ist das Gespräch im Großen und Ganzen so verlaufen, wie Sie es erwartet haben? In diesem Kapitel erfahren Sie, wie Sie eine kritische Selbstanalyse durchführen, die Ihnen erste Anhaltspunkte dafür liefert, wie Ihre Chancen stehen.

Nach dem Vorstellungsgespräch müssen Sie erst einmal warten. Lesen Sie im Folgenden, wie Sie in dieser Zeit noch einmal nachlegen und Pluspunkte sammeln können. Sie erhalten außerdem Hinweise dafür, wie Sie vorgehen, wenn das Unternehmen nichts von sich hören lässt, was heutzutage nicht gerade selten vorkommt.

Schließlich bekommen Sie Tipps für den richtigen Umgang mit einer Absage. Auch wenn Sie erst einmal enttäuscht sind, lassen Sie sich nicht entmutigen. Bis zum Vorstellungsgespräch haben Sie es geschafft, das war bereits eine große Leistung. Die nächste Einladung kommt bestimmt und dann werden Sie, reicher an Erfahrung, das Rennen machen.

Wie stehen Ihre Chancen?

Aus dem Gefühl, das Sie von einem Vorstellungsgespräch mit nach Hause nehmen, können Sie noch keine Schlüsse ziehen. Nicht selten passiert es, dass ein Vorstellungsgespräch traumhaft verlief und die Chemie ganz offenkundig stimmte – und dann flattert die Absage ins Haus. Der umgekehrte Fall ist aber auch nicht selten: Die Bewerberin hatte den Eindruck, dass der Personaler schrecklich kühl war und sie nicht recht in die Firma passte – doch unterschreibt sie den Arbeitsvertrag.

Wie verlief das Gespräch?

Besser ist es, wenn Sie sich an die Fakten halten. An viele Fragen, die man Ihnen gestellt hat, werden Sie sich jetzt noch erinnern. Überlegen Sie, welche Reaktionen sie bei Ihnen auslösten und wie Ihre Antwort ausfiel. Gab es Momente, in denen Sie:

- stark verunsichert waren,
- nicht wussten, was der Personaler eigentlich von Ihnen wollte,
- keine ausreichende Erfahrung vorweisen konnten,
- sich in Widersprüche verwickelten?

Wie hat sich der Interviewer verhalten?

Beziehen Sie auch das Verhalten des Personalers in Ihre Analyse ein:

- Ist er Ihnen freundlich begegnet?
- Hielt er Augenkontakt?
- Konnten Sie Anzeichen von Skepsis, Misstrauen oder Langeweile erkennen?
- War er an irgendeiner Stelle des Gesprächs verärgert, wurde sein Ton scharf?

Wenn Sie zu dem Ergebnis kommen, dass Sie bei mehreren wichtigen Fragen, zum Beispiel zur Berufserfahrung, Brüchen oder zu Ihren persönlichen Stärken, ins Schwimmen geraten sind und Ihr Gesprächspartner streckenweise nicht mehr so freundlich war, sollte Sie das nachdenklich stimmen. War das Gesprächsklima insgesamt sehr positiv und hatten Sie lediglich zwischendurch einen kurzen „Hänger", muss das nicht gleich bedeuten, dass alles verloren ist. Das wird auch im folgenden Beispiel deutlich.

PRAXIS-BEISPIEL

Manchmal kommt es anders, als man denkt

Die Bürokauffrau Jasmin K. hatte sich in ihrer Gemeinde als Pfarramtssekretärin beworben. Das Vorstellungsgespräch verlief sehr angenehm, bis der Dekan die Frage stellte, ob sie denn auch bereit sei, sich ab und zu sonntags bei kirchlichen Veranstaltungen zu engagieren. Jasmin K. antwortete, dass sie für solche Aufgaben nicht ganz die richtige Frau sei, woraufhin ihr Gesprächspartner die Stirn runzelte. Jasmin K. rief mich daraufhin an und teilte mir zerknirscht mit, dass es mit der Stelle sicher nichts würde, nachdem sie sich diesen Schnitzer geleistet habe. Das sei umso trauriger, als das Gespräch bis zu dieser Frage so fantastisch gelaufen sei. Zwei Tage später erhielt sie die Zusage.

So sammeln Sie nachträglich Pluspunkte

Verfassen Sie einen kurzen Brief

Nach einem Vorstellungsgespräch müssen Sie erst einmal abwarten. Trotzdem können Sie noch etwas tun, um den Entscheidungsprozess zu Ihren Gunsten zu beeinflussen. Diesen Weg können Sie aber nur dann beschreiten, wenn das Gespräch wirklich positiv verlaufen ist. Sie schreiben einen kurzen Brief, indem Sie sich für das freundliche Gespräch bedanken und noch einmal auf wesentliche Argumente für Ihre Eignung hinweisen. So bringen Sie sich in Erinnerung und unterstreichen, wie sehr Sie an der Stelle interessiert sind.

Wichtig ist, dass Sie den Brief direkt nach dem Vorstellungsgespräch verfassen. Ihr Gesprächspartner muss sich noch an Sie erinnern können. Außerdem darf Ihr Schreiben nicht erst ankommen, wenn die Entscheidung schon gefallen ist. Solch ein Brief kann dann von großer Bedeutung sein, wenn es zwei gleich starke Bewerber gibt. Allein dass Sie noch einmal nachgehakt haben, kann der entscheidende Pluspunkt für Sie sein.

MUSTERBRIEF

Claudia Mauser
Lindenweg 9
81554 München

Müller GmbH
Frau Carola Lüder
Meiseneck 3
30559 Hannover

München, den 12.08.2007

Mein Vorstellungsgespräch am 11.08.2007

Sehr geehrte Frau Lüder,

ich möchte mich noch einmal ganz herzlich für das gute Gespräch bedanken. Es hat meinen Wunsch, in Ihrem Unternehmen zu arbeiten, noch einmal bestärkt.

Mit mehr als sieben Jahren Erfahrung in der Verkaufsförderung und vier Auszeichnungen für besonders erfolgreiche Kampagnen fühle ich mich den Anforderungen, die Sie genannt haben, vollkommen gewachsen. Insbesondere die Mitarbeit an neuen, auch international greifenden Strategien reizt mich sehr, denn es handelt sich exakt um die Herausforderung, die ich gesucht habe. Da ich drei Sprachen fließend spreche, werde ich mit Ihren ausländischen Niederlassungen sicher reibungslos zusammenarbeiten.

Ich möchte noch einmal betonen, dass einem Umzug meinerseits nichts im Wege steht. Im Gegenteil: Es würde mich sehr freuen, zu neuen Ufern aufzubrechen.

In der Hoffnung, dass Sie sich für mich entscheiden werden,

grüßt Sie herzlich

Claudia Mauser

Was tun, wenn Sie vom Unternehmen nichts hören?

Gewöhnlich teilt Ihnen der Personalverantwortliche am Schluss des Gesprächs mit, wann Sie mit einer Nachricht rechnen können. Sollte sich der Entscheidungsprozess verzögern, erteilt er einen Zwischenbescheid. In diesem Fall könnte es sein, dass man sich noch nicht schlüssig ist. Möglicherweise sucht das Unternehmen aber auch weiter, will sich jedoch die Kandidaten, die sich bereits vorgestellt haben, warm halten. Es kommt aber auch nicht so selten vor, dass sich intern Veränderungen ergeben haben, die den Prozess verlangsamen.

Keine Angst vor einem Anruf!

Wenn der Tag, an dem Sie hätten Nachricht erhalten müssen, verstrichen ist, nehmen Sie Ihren Mut zusammen und rufen bei dem Unternehmen an. Lassen Sie sich immer mit dem Personalverantwortlichen verbinden. Wenn Sie sich direkt zum Abteilungsleiter durchstellen lassen, der ebenfalls am Gespräch beteiligt war, machen Sie sich in der Personalabteilung unbeliebt. Außerdem wird der Abteilungsleiter ganz sicher an den zuständigen Kollegen verweisen.

EXPERTEN-TIPP

Ein sachlicher, freundlicher Ton kommt gut an

Achten Sie darauf, dass Sie bei einem solchen Nachfass-Anruf auf keinen Fall vorwurfsvoll klingen nach dem Motto: „Unverschämtheit, mich so lange warten zu lassen!" Sprechen Sie in einem freundlichen, sachlichen Ton. Wenn Sie zu der zuständigen Person durchgestellt wurden, könnten Sie beispielsweise so einsteigen: „Guten Tag, mein Name ist Claudia Nöllke. Sicher erinnern Sie sich noch an mich. Ich habe mich letzte Woche für die Stelle der Marketingassistentin vorgestellt. Da Sie mir ja gestern Nachricht geben wollten, ich aber nichts von Ihnen hörte, möchte ich mich kurz erkundigen, ob sich die Entscheidung verzögert ..."

Natürlich können Sie auch eine Mail oder einen Brief verschicken. Wichtig ist, dass Sie sich rühren.

Wie Sie mit einer Absage umgehen

Wenn Sie zwei oder drei Wochen nach dem Gespräch einen großen DIN A4-Umschlag mit der Adresse des Arbeitgebers in Ihrem Briefkasten finden, heißt es vermutlich stark sein. Ihre Bewerbungsunterlagen sind zusammen mit einem Standardschreiben zurückgeschickt worden. Darin heißt es, dass man sich für einen anderen Bewerber entschieden hat, man dies aber nicht als Herabsetzung der Qualifikation betrachten möge. Dann wünscht man Ihnen noch viel Erfolg bei der Stellensuche. Vor allem, wenn Sie nach dem Gespräch ein gutes Gefühl hatten, spüren Sie jetzt einen Kloß im Hals.

Die Ursachen für eine Absage herauszufinden ist nicht einfach. Mag sein, dass die Stelle doch eine Nummer zu groß für Sie war oder Ihr Englisch ein Update gebraucht hätte. Es kann aber auch sein, dass Sie nicht ins Unternehmen passten, der Abteilungsleiter in Ihnen eine Konkurrentin sah oder Sie ihm eine Spur zu attraktiv für sein aus Männern bestehendes Team waren.

Fragen Sie nach den Ursachen für die Absage

Wenn Sie sich wieder etwas gefangen haben, rufen Sie in der Personalabteilung einmal an, um etwas über die Ursache für die Absage herauszufinden. Aber bitte fragen Sie nicht: „Woran hat es denn gelegen?" Niemand will Sie verletzen und mit Ihnen im Detail über Ihre Fehler sprechen oder darüber diskutieren.

Sie fragen: „Passte der andere Bewerber besser?" Der Personalchef wird nun auf dezente Weise die Vorzüge des anderen Kandidaten thematisieren, woraus Sie einiges über Ihr Abschneiden heraushören können.

Vielleicht sagt er: „Eine Ihrer Konkurrentinnen hatte noch etwas mehr Berufserfahrung als Sie und bereits ein ähnliches Projekt betreut." Sie nehmen diese Erklärung hin, selbst wenn Sie überzeugt sind, dass Sie über ausreichend Berufserfahrung verfügen – ändern können Sie nun ohnehin nichts mehr. Statt also die Begründung des Gesprächspartners zu kommentieren, könnten Sie – falls Sie weiterhin an diesem Unternehmen interessiert sind – sagen: „Falls Sie in Zukunft eine Position zu besetzen haben, auf die ich besser passe, würde ich mich freuen, wenn Sie sich bei mir melden."

Bleiben Sie zuversichtlich

Bleiben Sie zuversichtlich, auch wenn es diesmal nicht geklappt hat. Irgendwann werden Sie den richtigen Platz gefunden haben.

Die fünf goldenen Regeln für das Vorstellungsgespräch

Fünf Regeln möchte ich Ihnen mit auf den Weg geben. Sie sind einfach zu merken und helfen Ihnen, sich auf die wirklich wichtigen Dinge zu konzentrieren. Gerade wenn Sie kurzfristig einen Termin für ein Vorstellungsgespräch bekommen haben und nicht das gesamte Buch durcharbeiten können, dürften Sie Ihnen eine mentale Stütze sein.

1. Zeigen Sie sich von Ihrer besten Seite

Bleiben Sie sich treu

In einem Vorstellungsgespräch geht es darum, sich bestens zu präsentieren und die nicht ganz so hübschen Stellen aus dem Blickfeld zu rücken. Sie müssen also nicht etwas vorspielen, was Sie nicht sind. Sie müssen sich nicht verbiegen. Sie dürfen Sie selbst sein.

2. Lassen Sie sich von keiner Frage umhauen

Egal was Sie gefragt werden, bleiben Sie ruhig und gelassen. Es ist nicht schlimm, wenn Sie kurz nachdenken müssen, eine Frage nicht verstanden haben oder wissen, dass Ihre Antwort nicht gerade brillant ausfallen wird. Wichtig ist Ihre Ausstrahlung. Zeigen Sie, dass man Sie mit einer Frage nicht aus der Bahn werfen kann. Ein sicheres Auftreten ist immer beeindruckend.

3. Reden Sie dem Personaler nicht nach dem Mund

Zeigen Sie Persönlichkeit. Hängen Sie Ihr Mäntelchen nicht nach dem Wind. Niemand will einen Schleimer oder Wackelpudding einstellen. Vertreten Sie Ihre Meinung sachlich und freundlich. Das kommt an.

4. Verkaufen Sie sich nicht unter Wert

Sie haben persönliche Stärken, Kenntnisse und Erfahrungen, die ihren Preis haben. Werten Sie sich nicht ab. Verlangen Sie selbstbewusst das, was Sie verdient haben.

5. Lassen Sie sich nicht entmutigen

Immer positiv denken!

Auch wenn Sie zwischendurch mal das Gefühl haben, Sie hätten sich bei einem Thema besser verkaufen müssen, bleiben Sie zuversichtlich. Der Gesamteindruck entscheidet. Schon manche Bewerberin, die sich während des Gesprächs über sich ärgerte, hat schließlich den Arbeitsvertrag unterschrieben.

Nützliche Links und Adressen

(Stand Juni 2007)

Unternehmensprofile im Internet

Sie suchen noch Informationen über das Unternehmen, bei dem Sie sich vorstellen werden? Die folgenden Seiten bieten Firmenportraits:

www.hochschulanzeiger.de

www.job-galaxie.com

www.jobstairs.de

www.classic.unister.de

Online-Stellenmärkte und Jobsuchmaschinen

Hier erhalten Sie nicht nur die Möglichkeit der effektiven Stellensuche. Häufig gibt es auch Tipps zu den Themen Bewerbung und Vorstellungsgespräch.

www.monster.de

www.jobpilot.de

www.stellenanzeigen.de

www.stepstone.de

www.jobrobot.de

www.jobrapido.de

www.crosswater-systems.com

www.hotjobs.yahoo.com

www.jobscanner.de

www.indeed.de

www.newscientistjobs.de

www.simplyhired.com

www.arbeitsagentur.de

Interessante Artikel rund um den Job

Auf den folgenden Internetseiten finden Sie immer wieder Artikel zum Thema Gehalt:

www.zeit.de

www.sueddeutsche.de

www.faz.de

www.handelsblatt.com

www.manager-magazin.de

www.brigitte.de

www.focus.de

www.spiegel.de

Allgemeine Informationen zur Vergütung

Zur ersten Orientierung in der Gehaltsfrage (Bruttoverdienste verschiedener Branchen und Tarifverdienste) besuchen Sie die Homepage des Statistischen Bundesamts.

Statistisches Bundesamt Deutschland

Gustav-Stresemann-Ring 1

65189 Wiesbaden

www.destatis.de

Alles über Tarife sowie Tarifvergütungen in über 200 Berufen:

Hans-Böckler-Stiftung

Hans-Böckler-Straße 39

40476 Düsseldorf

Tel.: 0211/7778 - 0

Fax: 0211/7778 - 120

www.boeckler.de

Stichwortverzeichnis

Die Autorin

Claudia Nöllke M. A. ist Beraterin für den beruflichen Wiedereinstieg von Frauen. Sie hat sich auf die Entwicklung von Bewerbungsstrategien und die Erstellung überzeugender Bewerbungsunterlagen spezialisiert. Darüber hinaus coacht sie Frauen für das Vorstellungsgespräch. Vom klassischen Berufsberater unterscheidet sie sich durch ihre langjährige Erfahrung in den Bereichen Werbung und Selbstvermarktung.

www.zurueck-in-den-beruf.de